글
이임숙

성균관대학교 대학원에서 아동 심리와 어린이 책을 공부했다. 아동·청소년 심리 치료사, 의사소통 전문가, 부모 교육 전문가로 일하고 있다. 전국의 상담 센터와 공공 기관, 도서관, 교육 지원청, 기업 등 다양한 곳에서 대화법, 그림책 독서 치료, 인지 학습 치료, 마음 글쓰기, 보드게임 심리 치료 등에 관한 교육과 강연 활동을 하고 있다. 특히 정서와 학습 모두에 효과적인 방법을 연구 개발하고 있으며, 현재 맑은숲아동청소년상담센터 소장, 한국독서치료학회 이사를 맡고 있다. 2017년에는 독서 문화진흥유공 국무총리표창을 수상하기도 했다. 『4~7세보다 중요한 시기는 없습니다』『엄마의 말 공부』『따뜻하고 단단한 훈육』『하루 10분, 엄마놀이』등 약 20여 권의 부모 교육서를 집필했다.

 맑은숲아동청소년상담센터 leetherapy.kr

▶ 이임숙의 부모마음TV

KB185993

엄마의 말 공부 일력 365

초판 1쇄 발행 2022년 12월 9일
초판 4쇄 발행 2023년 12월 15일

지은이 이임숙
그린이 사로서로
펴낸이 민혜영
펴낸곳 (주)카시오페아 출판사
주소 서울시 마포구 월드컵북로 402, 906호(상암동 KGIT센터)
전화 02-303-5580 | **팩스** 02-2179-8768
홈페이지 www.cassiopeiabook.com | **전자우편** editor@cassiopeiabook.com
출판등록 2012년 12월 27일 제2014-000277호

ⓒ이임숙, 2022
ISBN 979-11-6827-084-8 13590

"엄마의 말 한 마디로 아이는 한 뼘 더 자랍니다."

오늘도 '하지 말자' 다짐했던 말이 툭 튀어나와 아이에게 상처만 줍니다. 엄마는 뒤돌아서 후회하고 가슴이 아픕니다. 절대 그러지 않겠다고 다짐하고 또 다짐해도 왜 자꾸 반복되는 걸까요? 애쓰고 노력해도 잘 안 된다면 '좋은 엄마'의 말을 위한, 든든한 '말 친구'가 필요할 때입니다.

아이는 아침에 눈을 떠서 밤에 잠들기까지 잘 놀아야 하고, 숙제도 해야 하며, 일상의 크고 작은 과제를 수행해야 하지요. 그 속에서 무수한 불안과 긴장, 좌절과 우울감으로 힘이 들어요. 엄마는 그런 아이에게 아주 많은 말을 하고, 그 말은 아이 마음속 깊은 곳에 차곡차곡 쌓여 각인됩니다.

지금 아이 마음속에 어떤 말이 쌓이고 있나요? 밝고 당당하고 건강하게 아이를 치유하고 성장시키는 사랑과 지혜가 담긴 엄마의 말이어야겠지요. 건강한 말이 건강한 마음과 정신을 만들기 때문입니다.

아이의 마음을 사랑으로 가득 채워주고 싶다면 『엄마의 말 공부 일력 365』와 함께해보세요. 날마다 하루 한 마디씩, 보고 읽어도 좋고, 기억해서 말하면 더 좋아요. 하루하루 따라 하다 보면 일력을 보지 않고도 어떻게 말해야 할지 저절로 알 수 있을 거예요. 어쩌면 제가 안내한 엄마의 말보다 더 멋진 말을 아이에게 선물할 수도 있을 겁니다. 이 일력과 함께 우리 아이에게 '충분히 좋은 엄마'가 되기를 바랍니다.

아이의 마음을 사랑으로 채워주는
『엄마의 말 공부 일력 365』와 함께
따뜻하고 행복한 한 해가 되었길 바랍니다.

365 Days
365 Cases
365 Mom's talking

『엄마의 말 공부 일력 365』에서는
엄마의 전문용어 다섯 가지와 특별용어 세 가지를 소개합니다.

엄마의 전문용어 다섯 가지

공감의 말
"이유가 있을 거야."

치유의 말
"힘들었겠다."

긍정의 말
"좋은 뜻이 있었구나."

사고의 말
"어떻게 하면 좋을까?"

강점의 말
"훌륭하구나."

엄마의 특별용어 세 가지

감사의 말
"오늘도 고마워."

사랑의 말
"○○이를 사랑해."

엄마를 위한 말
"나는 충분히 잘하고 있어."

31

DECEMBER

감·사·의·말

올해 고마웠던 사람을
기억하고 싶을 때

〈〈〈〈〈〈〈−

"고마운 사람이 있니? 너에게 어떻게 해줬어?" ✕

"한 해 동안 고마움을 느낀 사람이 있니?
아주 작은 일에서도 고마움을 느껴야 해." ◎

생각해보면 참 고마운 사람이 많습니다. 나에게 먼저 인사해줘서, 웃어줘서, 옆에 있어줘서, 위로해줘서 등등 이유는 참 많습니다. 아이와 함께 감사의 문자를 보내보세요. 감사와 행복감이 온 마음에 가득해질 거예요.

"하루 한 마디, 엄마의 말을 잊지 마세요!"

공감, 치유, 긍정, 사고, 강점의 말은 일상에서 아이의 잠재력과 강점을 키워주고, 크고 작은 심리적 스트레스와 상처를 치유하고 회복시키며, 더 나아가 지혜로운 문제 해결력을 자라게 합니다.

감사, 사랑의 말은 아이의 자존감을 높여주며 정서를 안정적으로 만들어줍니다. 또한, 주변 사람과 함께 행복하게 살아가는 따뜻함과 슬기로운 마음을 키워가도록 도와줍니다.

엄마를 위한 말은 엄마로서 내가 잘하고 있는지, 혹시 잘못해서 아이를 망치는 건 아닌지, 매 순간 불안하고 아이에 대한 죄책감, 답답함, 막막함을 느끼는 엄마를 위한 말입니다. 엄마의 마음이 즐겁고 건강해야 아이도 그렇게 자랄 수 있습니다. 엄마 자신에게는 스스로를 돌보는 말이 필요하죠. 엄마를 위한 말이 엄마와 아이 모두에게 진정한 위로와 힘이 될 수 있을 거라 확신합니다.

30
DECEMBER
사 · 랑 · 의 · 말

올해의 사건 사고
뉴스를 보고 불안해할 때

"괜찮아. 넌 안전해. 저런 일 안 생기니까 걱정 마." ❌

"모두가 예방하려 노력하니 걱정 마.
문제가 생겨도 너를 잘 보호할 거야. 그래도 조심하는 건 중요해." ◎

올해의 사건 사고 뉴스를 보면 예민한 아이는 불안해지지요. 사고가 날 수는
있지만 어른들이 예방할 수 있고, 엄마, 아빠가 잘 보호해줄 거라고 말해주세
요. 물론 아이도 규칙과 질서를 잘 지켜야 한다는 말도 해주어야겠지요.

29
DECEMBER
사 · 랑 · 의 · 말

돈의 가치를
제대로 가르치고 싶을 때

"돈을 아껴 써야지. 아무거나 사면 안 돼." ❌

"1만 원을 네 마음대로 쓸 수 있다면 무얼 하고 싶니?" ◎

사랑하는 우리 아이의 현명한 판단력도 키워주어야 합니다. 아이의 계획을 종이에 적어서 각 항목마다 금액을 책정하는 겁니다. 그런 계획을 세운 이유만 질문해주세요. 아이 스스로 고민하며 지혜를 키워길 거예요.

1
JANUARY
감 · 사 · 의 · 말

새해, 새로운 마음으로
시작하고 싶을 때

"새해엔 좀 더 열심히 공부해. 잘할 수 있지?" ❌

"엄만 네게 고마운 게 참 많아. 키가 이만큼이나 더 컸고,
함께 대화도 많이 했고, 네 할 일도 참 잘했어. 정말 고마워." ◎

바람직한 행동을 많이 하기 바란다면 아이에게 고마운 점을 찾아 말해주세요.
감사는 부정적 감정을 줄여주고, 긍정적 행동을 유발하는 강력한 촉진제입니
다. 먼저 아이에게 고마운 점을 이야기하며 활기찬 새해를 시작해보세요.

28

DECEMBER

사 · 랑 · 의 · 말

그동안의 체벌에
용서를 구하고 싶을 때

"엄마도 다 맞고 자랐어. 이제 안 때리면 되잖아." ✖

"옛날엔 아이가 잘못하면 때리며 키웠어.
그게 잘못되었다는 걸 이제 알았어. 미안해. 엄마 용서해줄래?" ◎

부모는 여전히 '등짝 스매싱' 정도는 괜찮다고 생각합니다. 그런데 아니에요.
아이 마음과 정신이 상처받고 혼란스러울 뿐이죠. 밝고 당당한 아이로 자라길
바란다면 이렇게 선언해주세요. "앞으로 절대 때리지 않을게."

2
JANUARY
엄·마·를·위·한·말

마음 읽어주는 말이
목에 걸려 나오지 않을 때

"나는 왜 아이의 마음을 읽어주는 말조차 못 하는 걸까?" ❌

"그래, 나도 들어보지 못해서 아직 어색한 거야.
조금씩 하다 보면 자연스러워질 거야." ◎

공감이 어려운 건 엄마 탓이 아니에요. 엄마도 몇 번 들어보지 못했고, 아이가
잘못하면 혼내야 한다고 배웠기 때문이지요. 깊게 심호흡 한 번 하고 "많이 속
상했지." 몇 번 이야기하다 보면 금방 익숙해질 거예요.

27

DECEMBER

사 · 랑 · 의 · 말

아이와 겨울의
특별한 사랑을 나누고 싶을 때

"겨울은 참 춥고 스산한 계절이야." ❌

"엄만 겨울이 참 좋아.
너랑 이렇게 껴안고 감싸며 온기를 나누잖아." ◎

겨울은 온기를 나누는 계절입니다. 춥다고 집에만 있지 말고 아이와 겨울 산
책을 나가보세요. 빙판길에서 서로 잡아주고, 옷깃을 여며주며 따스한 사랑을
확인해보세요. 진짜 사랑이 온몸으로 스며든답니다.

3

JANUARY

공 · 감 · 의 · 말

혼자서 할 수 있는데도
계속 엄마를 부를 때

"혼자서 할 수 있잖아. 왜 자꾸 불러!" ❌

"잘못할까 봐 걱정됐구나.
그런데 넌 잘할 수 있어. 너 자신을 믿어봐." ◎

아이는 잘하고 싶은데, 잘 안될까 봐 걱정이 큽니다. 부정적인 감정은 해소하고 긍정적인 마음을 키워주는 공감이 진정한 공감이지요. 공감에서 아이의 자신감이 시작되고, 실패를 두려워하지 않는 아이로 자랄 수 있습니다.

26
DECEMBER
엄·마·를·위·한·말

깊은 사랑을 전하는
방법이 궁금할 때

"얼마나 많이 사랑하는지 말 안 해도 알겠지." ❌

"웃을 때도 울 때도 말썽을 부릴 때도 사랑해.
너를 사랑하는 이유는 백만 개나 된단다." ⭕

연애 시절, 배우자의 사랑 고백 편지에 가슴 두근거리고 설레던 그 마음을 우리 아이에게 전해보세요. 사랑하는 이유 열 가지를 적어 하나씩 말해주세요. 엄마의 깊은 사랑에 아이의 몸과 마음이 모두 환하게 밝아질 거예요.

4

JANUARY

치·유·의·말

"맨날 나만 미워해."라며
토라질 때

"엄마가 언제 너만 미워했니? 네가 잘못했으니까 그렇지." ❌

"네 마음 몰라줘서 미안해.
엄마는 ○○이를 하늘만큼 땅만큼 사랑해!" ◎

엄마가 원망스럽다고 하는 아이가 바라는 건 변명이 아니에요. 엄마의 사랑을 확인하고 싶은 거랍니다. 다독이며 사과하고, 커다란 사랑을 전해주세요. 환히 퍼져나가는 미소와 좀 더 잘하려 노력하는 모습도 볼 수 있을 거예요.

"산타 할아버지가 진짜 있어요?" 하고 물을 때

"너도 알았구나. 아빠가 산타야. 이제 알았어?" ❌

"눈을 감아봐. 네 마음속에 산타 할아버지가 있니? 마음을 믿어봐." ◎

산타의 존재는 아이가 자연스럽게 결론을 내릴 때까지 맘껏 상상하도록 도와주세요. 나이가 들어도 산타를 믿는 예쁜 마음을 가진다면 우리 아이는 참 행복하게 자랄 수 있을 거예요.

5

JANUARY
긍 · 정 · 의 · 말

장난감을 계속
어지르기만 할 때

"좀 치우면서 놀아. 다 논 건 정리하라고 했잖아." ❌

"재미있게 놀고 싶구나. 정리하고 나서 놀면 더 재미있어.
5분 동안 같이 장난감 치울까? 자, 시작!" ◎

말로 설명하는 것보다 경험이 중요합니다. 장난감을 정리한 후의 개운함과 기분 좋은 느낌을 강조해주세요. "다 치우니까 정말 개운하지. 이제 재미있게 놀아." 긍정의 말이 아이에게 스스로 정리하는 습관을 만들어줄 수 있답니다.

24
DECEMBER
사 · 고 · 의 · 말

산타 할아버지의 선물을 기대할 때

"산타 할아버지가 선물 주실 것 같니? 착한 일 많이 했어?" ❌

"산타 할아버지가 아이들에게 선물 주러 다니시려면 정말 힘들겠다.
○○이가 대신 선물을 주면 어떨까?" ◎

크리스마스이브입니다. 선물은 받을 때보다 줄 때가 더 기쁘죠. 선물을 나누어주고 구세군 냄비에 기부해보는 기쁨도 누려보세요. 기부의 의미도 생각하고 크리스마스의 즐거움도 누릴 수 있을 거예요.

6

JANUARY

사 · 고 · 의 · 말

나이에 맞지 않는
영상을 자꾸 보겠다고 할 때

"넌 아직 어려서 못 봐. 안 된다니까? 아휴, 그럼 이번 한 번만이야." ❌

"이 영상은 열두 살이 되어야 볼 수 있어. 그렇게 정한 이유가 뭘까?" ◎

영상물 등급제도는 부모와 아이가 꼭 지켜야 하는 기준입니다. 나이 제한이
있는 이유를 생각하도록 도와주세요. 찻길에서 공놀이하고 싶다며 떼를 쓴다
고 해서 허락하면 안 된다는 비유를 들어 설명하면 쉽게 이해할 수 있습니다.

23
DECEMBER
긍 · 정 · 의 · 말

1년 동안 자신이 뭘 했는지
모르겠다고 말할 때

"그러니까 좀 열심히 하지 그랬어. 내년엔 열심히 하자." ❌

"엄마는 네가 잘한 게 많은 것 같은데.
올해 네가 잘한 일 열 가지를 찾아볼까?" ◎

잘못을 반성하는 것과 잘한 점을 찾는 것 중에 어느 것이 더 긍정적인 행동을
강화시켜줄까요? 당연히 후자가 더 큰 힘을 발휘합니다. 아이가 잘해낸 점을
말해주세요. 엄마가 몇 가지를 찾아주면 아이도 잘 찾을 수 있습니다.

7

JANUARY

강 · 점 · 의 · 말

친척 어른들 모인 자리에서
계속 까불대며 큰 소리 낼 때

"너무 시끄러워. 제발 가만히 좀 앉아 있어." ✗

"○○이는 유머 감각이 참 좋아. 30분 뒤에 재미있는 개그를 보여줄래?
그동안 조용히 준비해보렴." ◎

단점으로 보이는 모습도 뒤집어 생각해보면 대부분 강점이 됩니다. 부모의 시선이 달라지면 아이의 행동도 달라지지요. 아이의 강점을 잘 찾아주세요. 때와 장소를 가릴 수 있도록 도와주면 강점의 씨앗도 쑥쑥 자랍니다.

22

DECEMBER

치·유·의·말

미끄러져 다쳐서
병원에 가야 할 때

〉〉〉〉〉〉〈〈〈〈〈〈─

"그러니까 조심하라고 했지. 이렇게 다쳐서 어떡해!" ❌

"많이 아프지? 많이 놀랐지? 응급조치하고 병원 가자.
괜찮아. 얼음판 위에서는 걷다가 다칠 수도 있어." ◎

엄마가 놀라는 모습을 보고 아이는 더 무섭게 느껴요. 엄마의 의연하고 든든
한 태도가 좀 더 성숙한 태도를 갖게 합니다.

8

JANUARY

엄·마·를·위·한·말

엄마로 살기 힘들게 느껴질 때

"내가 이러려고 결혼하고 아이를 낳았나!" ✕

"혹시 내가 불안한 게 있나? 너무 욕심을 부리나?" ◎

엄마는 종종 무거운 우울감에 빠지게 되지요. 이럴 때 감정의 바다에서 허우적거리지 말고 한 발만 빠져나와 생각해보세요. 내 걱정과 불안이 무엇인지, 혹시 지나친 욕심은 아니었는지 차분히 생각만 해도 마음은 개운해집니다.

21

같은 반이 되고 싶지 않은 친구가 있다고 할 때

"친하게 지내면 좋잖아. 특별히 너한테 잘못한 것도 없잖아." ❌

"뭔가 불편했구나. 어떤 점이 불편했는지 말해줄래?
정말 불편하다면 적당한 거리가 필요해." ◎

아이가 피하고 싶을 정도라면 사이좋게 지내라는 말은 적절하지 않습니다. 친구가 불편했던 이유를 알아보고, 무슨 말을 해도 공감해주세요. 타당한 이유가 있다면 선생님과 의논하는 과정이 꼭 필요합니다.

9
JANUARY
공 · 감 · 의 · 말

동생은 맨날 노는데
나는 왜 공부해야 하냐고 따질 때

"넌 이제 공부할 나이가 됐잖아. 아직도 동생이랑 같은 줄 아니?" ❌

"그래, 그런 마음 들 수 있어. 그런데 놀기만 하면 마음이 찝찝할 거야.
30분이면 뚝딱 끝낼 텐테, 끝나고 뭐 하고 놀까?" ◎

아이는 점점 과제가 많아져 지친 마음이 들지요. 그 마음을 알아주세요. 그리고 막상 해보면 과제는 그리 어렵지 않고 금방 끝낼 수 있다는 사실을 알려주세요. 그래야 놀 때 놀고, 공부할 때 공부하는 멋진 아이로 자랄 수 있습니다.

20

DECEMBER

엄·마·를·위·한·말

육아 때문에 쉬지 못했다 생각될 때

)))))))—

"애 키우는 일은 도대체 쉴 틈이 없어." ❌

"어쩌면 나 스스로 엄마는 쉬면 안 된다고 생각한 건 아닐까?" ◎

엄마는 쉬면 안 된다고 생각한 건 아닌지 살펴보세요. 그건 엄마와 아이, 모두에게 좋지 않아요. 잠시 떨어져 있으면 보고 싶어 울 수도 있지만, 환한 모습으로 돌아오는 엄마의 모습에 아이는 안심하고 한 뼘 더 성장한답니다.

10

JANUARY

치 · 유 · 의 · 말

큰 눈사람을 만들며
옷이 다 젖었을 때

"거봐, 옷이 다 젖었잖아. 좀 작게 만들라고 했지. 이제 그만해." ✖

"옷이 젖는 줄도 모르고 만들었네. 추워서 어떡하지?
옷 갈아입고 나와서 계속할까? 작게 만들고 들어갈까?" ◎

아이를 위하는 마음에 "하지 마"라는 말을 자주 하다 보면 '엄마는 맨날 못하
게 한다'라는 인식이 생길 수 있어요. 눈사람 만드는 소중하고 행복한 추억이
아이 마음 깊이 저장될 수 있도록 아이 편이 되어 말해주세요.

19
DECEMBER
강 · 점 · 의 · 말

뭔가에 몰입해서
엄마 말을 못 들을 때

"엄마가 몇 번 불렀는지 아니? 왜 이렇게 못 들어?" ✖

"뭐가 그렇게 재미있어서 몰입했을까?
넌 이런 걸 할 때 정말 집중을 잘하네." ◎

집중력이 높은 강점을 잘 발전시키려면 관심 없는 것에 집중하는 능력도 키워야 합니다. 그러기 위해 먼저 아이가 집중하는 것을 지지해주세요. 그래야 싫은 것에도 집중할 수 있는 힘을 연마할 수 있습니다.

가만히 있는 동생을
자꾸 건드릴 때

"너 왜 자꾸 동생을 건드려? 그냥 너 혼자 놀아." ❌

"우리 ○○이가 심심한가 보네. 뭐 하고 놀면 재미있을까?
엄마가 20분 동안 함께 놀 수 있어." ⭕

엄마의 말은 아이가 자기 마음을 이해하고 동생과 함께 놀 방법을 연구하도록 만들지요. 갈등의 씨앗이 보일 때 긍정의 말과 함께 새로운 방법을 제안해 주세요. 평화로운 형제자매 관계로 성장합니다.

18

DECEMBER
사 · 고 · 의 · 말

특정 친구와 내년에도
같은 반이 되고 싶어 할 때

"안 될 수도 있어. 그래도 새로운 친구 사귀면 되잖아." ❌

"그렇게 되면 정말 좋겠다. 그 정도로 좋은 친구구나.
그런데 만약 같은 반이 안 되면 어떡하지?" ◎

학년 말, 아이는 친한 친구와 헤어지게 될까 걱정합니다. 그 친구가 아이에게
어떤 의미인지 이야기를 나누어보세요. 서로 다른 반이 되어도 계속 좋은 친
구로 남는 방법도 함께 찾아보세요.

12

JANUARY

사 · 고 · 의 · 말

시간에 맞춰 나가야 하는데
늦장 부릴 때

"빨리 해. 안 그러면 엄마 혼자 가버릴 거야." ❌

"지금부터 딱 3분 뒤에 출발해야 해. 같이 숫자 100까지 세며
준비해볼까? 시작! 하나, 둘, 셋…" ◎

엄마는 시간이 촉박해 조바심 나는데 아이는 느긋하면 정말 화가 나지요. 타
이머와 숫자 세기는 행동 조절에 유용하답니다. 단, "셋 셀 때까지!" 하며 협박
하듯 말해선 안 되며, 놀이하듯 아이의 행동 조절을 도와주세요.

17

DECEMBER

긍 · 정 · 의 · 말

친구에게 지키지 못할
약속을 할 때

"지키지 못할 약속을 왜 하니? 진짜로 그 인형 줄 거 아니잖아." ❌

"친구에게 진짜로 주고 싶었어? 그게 아니면 거절해야 돼.
다음엔 어떻게 할지 가르쳐줄게." ⭕

마음 약한 아이는 친구가 갖고 싶다고 말하면 주겠다고 합니다. 어떻게 말해야 할지 몰랐다면 거절을 배울 때가 되었다고 말해주세요. 준다고 말했으면 줘야 한다는 사실도 알려주세요. 그래야 거절의 중요성을 배웁니다.

13

JANUARY

강 · 점 · 의 · 말

자주 흥분하고 멈추지 못할 때

"좀 그만해. 나대지 말고 가만히 있어." ✕

"와! 밝고 활력 있는 모습이 보기 좋아. 그런데 잠깐, 지금은 멈출 때야.
심호흡하고 마음을 진정시켜보자." ◎

활력 있는 태도는 아주 중요한 강점입니다. 다만 아직 때와 장소를 구분하는
건 미숙하지요. 강점을 먼저 지지해주고 난 다음 조심할 점을 알려주세요. 행
동할 때와 멈출 때를 잘 아는 리더십 있는 아이로 성장합니다.

16

DECEMBER

치 · 유 · 의 · 말

술래를 하지 않겠다고 우길 때

《《《《《《←

"술래를 안 하면 어떡해? 가위바위보 졌으면 술래해야지." ✗

"다른 친구들은 술래하기 싫은 걸 어떻게 참았을까?
마음의 힘이 강하네. 너도 충분히 참아낼 수 있어." ◎

술래를 안 한다고 하면 친구들과 관계가 나빠집니다. 다른 아이들도 모두 술래를 싫어하지만 참는다는 사실, 덕분에 모두가 즐겁게 논다는 사실을 알려주세요. 무엇보다 우리 아이도 마음의 힘이 충분히 강하다고 말해주세요.

14

JANUARY

엄·마·를·위·한·말

우리 아이가 문제투성이라는
생각이 밀려올 때

"쟨 도대체 왜 저러는 걸까? 평생 저러면 어떡하지?" ✗

"그냥 아이다운 실수일 뿐이야.
실수를 통해 배우는 게 최고의 배움이야." ◎

아이의 문제 행동은 대부분 정상적인 성장 과정입니다. 실수 경험에서 아이는
더 잘 배울 수 있게 되지요. 이번 경험에서 새롭게 배운 게 뭔지 이야기 나누
어보세요. 하루하루 눈부시게 성장하는 아이를 만날 수 있을 겁니다.

15
DECEMBER
공·감·의·말

셋이서 친한 아이가
"난 친구가 없어."라고 말할 때

⟨⟨⟨⟨⟨⟨⟨—

"친구가 없긴 왜 없어. 너 ○○이랑, △△이랑 친하잖아." ❌

"너도 ○○이가 시간이 안 맞아서 △△이랑 둘이 놀았던 거 기억나?
자연스러운 거야." ◎

여러 명이 친하면 꼭 발생하는 문제입니다. 원래 자연스러운 현상임을 알려주고 대화도 가르쳐주세요. "둘이 뭐하고 놀았어? 재미있었어? 다음엔 나도 같이 놀자." 이런 대화가 친구 사이의 갈등을 줄일 수 있습니다.

15
JANUARY
공 · 감 · 의 · 말

새로운 것을
시도하려 하지 않을 때

"그냥 하면 되잖아. 친구들도 다 하는데 뭐가 문제야." ❌

"좀 더 살펴보고 싶은 거야? 걱정되는 게 있어?
궁금한 게 있으면 엄마한테 물어봐. 시간 충분해." ◎

위험회피 성향이 높은 아이는 무조건 밀어붙이면 감정에 더 매몰됩니다. 아이의 기질을 인정하고, 그 마음에 공감해주면 스스로 준비를 할 수 있습니다. 느리게 적응하는 아이에게는 시간과 마음의 여유가 꼭 필요합니다.

14

DECEMBER
엄·마·를·위·한·말

아이 때문에
힘든 기억만 가득할 때

"장난이 심하고, 말썽만 부려서 너무 힘들었어." ❌

"문제가 생길 때마다 참 많이 힘들었지만
덕분에 나 자신이 많이 성장한 것 같아." ◎

아이 때문에 고생한 것도 맞지만, 덕분에 참 많이 성장했죠. 무엇보다 이렇게
사람을 사랑할 수 있다는 사실도 깨달았을 거예요. 엄마는 아이 덕분에 참 많
은 사랑과 지혜와 깨달음을 얻고 있어요.

16

JANUARY

치 · 유 · 의 · 말

"엄마, 나 사랑해?"라고
자꾸 물어볼 때

"그렇다고 했잖아. 왜 자꾸 물어봐." ❌

"그럼 사랑하지. 네가 태어나서 얼마나 행복한데.
그런데 궁금한 게 있어. 넌 엄마 사랑해?" ◎

아이는 묻고 또 물으며 엄마의 사랑을 확인하죠. 이럴 땐 태어나기 전부터 사
랑했다는 말과 함께 가끔 되물어주세요. 아이의 사랑을 받고 싶은 엄마 마음
이 강하게 전달되어 '안심되는 사랑'을 느낄 수 있습니다.

13
DECEMBER
강 · 점 · 의 · 말

친구가 때렸다고 울며 말할 때

((((((←

"넌 가만히 있었니? 너도 똑같이 때려야지." ❌

"많이 아팠겠다. 너도 같이 때렸어?
친구가 때려도 참았구나. 잘했어. 누구에게 도움을 청했니?" ◎

같이 때리라고 말하는 건 절대 안 됩니다. 어떤 경우에도 폭력은 금지입니다.
먼저 참아낸 아이의 강점을 지지해주세요. 그리고 그런 상황에서는 꼭 어른들
과 주변 친구들에게 도움을 청해야 한다고 가르쳐주세요.

17

JANUARY

긍 · 정 · 의 · 말

얼음판에서 장난치려 할 때

"위험해. 하지 마. 이리로 나오라니까." ❌

"얼음판에서 용기 있게 맘껏 놀고 싶구나.
신나게 놀려면 안전장치를 하고 놀아야 해." ◎

위험하다고 아무것도 못 하게 하면 아이는 성장하기 어렵습니다. 아이의 용기를 먼저 지지해주고, 안전장치를 해야 한다는 사실을 가르쳐주세요. '안전한 위험'의 경험이 진짜 위험에 대처하는 문제 해결력을 키워줍니다.

12
DECEMBER
사 · 고 · 의 · 말

잘못하고도 사과하지 않을 때

"잘못했으면 사과를 해야지. 왜 사과를 안 하니?" ❌

"혹시 억울한 점이 있니?" ◎

억울함이 있는 아이는 잘못했어도 절대 사과하고 싶지 않습니다. 그 마음을 먼저 알아주어야 자신의 잘못에 대해 생각할 수 있게 되죠. 아이의 사고 능력은 부당하다 느끼는 점이 없을 때 시작됩니다.

18

JANUARY

사·고·의·말

놀이에서 자주 반칙을 쓸 때

"반칙하면 안 돼. 이건 무효야. 반칙 썼으니까 무조건 네가 진 거야." ❌

"정말 이기고 싶었구나. 정정당당하게 이기는 방법이 있어.
새로운 전략을 배워보지 않을래?" ◎

승부욕은 좋은 성취 욕구입니다. 그러니 이기고 싶은 마음을 꺾으려 한다거
나, 재미있었으니 괜찮다는 말보다 다양한 전략을 활용할 수 있도록 도와주세
요. 그래야 승패를 좀 더 성숙하게 받아들일 수 있습니다.

11

DECEMBER

긍·정·의·말

"난 잘하는 게 없어. 전부 다 못해." 라며 자신감을 잃었을 때

))))))))~

"열심히 하면 뭐든 다 잘할 수 있어." ❌

"못한다고 생각하는 게 뭐야? 그럼 잘할 수 있는 걸 찾아보자.
그걸로 나중에 돈도 벌 수 있을 거야." ◎

아이의 자신감이 하락하는 건 주로 공부 때문입니다. 공부 외에도 잘하는 게 많다는 사실을 알려주세요. 자신감이 회복되어야 자신의 일도 책임감 있게 잘할 수 있습니다.

19
JANUARY
강 · 점 · 의 · 말

고집이 너무 세서
말을 안 들을 때

"누구 닮아서 이렇게 고집이 세니?" ❌

"네 생각이 뚜렷하구나. 그렇게 주장하는 이유를 말해주면
엄마도 네 마음을 이해할 수 있을 거야." ◎

아이도 나름의 자기주장과 생각이 있습니다. 이를 무조건 고집으로 생각하고
꺾으려 하면 더 큰 반항심이 생기지요. 아이에게 주장에 대한 이유를 질문해
주세요. 그래야 아이를 이해할 수 있고, 의논하며 타협할 수 있습니다.

10
DECEMBER
치·유·의·말

화가 치밀어 툭 쳤더니
아이도 엄마를 때릴 때

〈〈〈〈〈〈〈-

"지금 엄마 때린 거야? 어떻게 엄마를 때리니?" ❌

"잠깐, 엄마가 먼저 너를 때려서 그런 거지?
미안해. 다시 널 때리는 일은 없을 거야." ◎

엄마가 화가 나서 아이의 팔이나 등을 밀치거나 때리면 아이는 자신도 엄마
를 때려도 된다고 배웁니다. 엄마가 먼저 때려서 아이가 때린다면 무조건 사
과부터 하고 다시는 때리지 않을 것임을 약속해야 합니다.

20
JANUARY
엄·마·를·위·한·말

'다른 부모들은 다 해주는데…'
아이에게 미안해질 때

"돈 때문에 하고 싶은 것도 다 못 시켜주네. ○○이에게 너무 미안해." ✕

"돈 들이지 않고도 얼마든지 가르칠 수 있어.
창의적인 방법을 생각해볼까?" ◎

교육열 높은 사회 분위기는 엄마의 마음을 불안에 휩싸이게 하지요. 이럴 땐
스스로에게 이렇게 말해주세요. 돈과 교육 효과는 절대 비례하지 않습니다.
아이와 함께 책 읽고 놀이하듯 공부하는 창의적 방법이 얼마든지 있답니다.

9

DECEMBER

공 · 감 · 의 · 말

운동 시합에서 졌다고
시무룩할 때

~~~~~~~~

"질 때도 있고, 이길 때도 있잖아. 졌다고 속상해하지 마." ✖

"많이 속상하구나. 그런데 어떤 게 재밌었어? 상대는 뭘 잘했어?
우리 팀이 진 이유는 뭘까?"

져서 속상한 마음에 우선 공감해주세요. 그다음엔 재미있었던 점, 상대의 장점, 우리 팀과 자신의 장단점을 질문해보세요. 속상한 감정에서 쉽게 벗어날 수 있으며, 보다 긍정적인 해석도 가능해집니다.

21
JANUARY
공·감·의·말

식사 시간에
가만히 앉아 있지 못할 때

"좀 가만히 앉아서 먹을 순 없니? 돌아다니지 말고 먹어야지!" ❌

"밥 먹으면서도 궁금한 게 많구나. 엄마가 퀴즈 하나 내볼게.
이 볶음밥에 몇 가지 재료가 들어갔게?" ◎

문제를 지적하기보다 다른 것이 더 궁금한 아이의 마음에 공감해주세요. 그런 다음 음식으로 아이의 관심을 돌려 퀴즈를 내보세요. 흥미로운 대화도 좋습니다. 엄마와 함께하는 식사라면 더 좋은 식사 습관도 가질 수 있습니다.

8
DECEMBER
엄·마·를·위·한·말

자꾸 게임하려 하거나
동영상만 보려고 할 때

‹‹‹‹‹‹‹‹-

"그렇게 책을 많이 읽어줬는데 왜 영상만 보려고 할까?" ❌

"너무 자주 스마트폰에 노출시켰나 봐.
앞으로는 가능하면 안 보게 해야겠어." ◎

미디어에 빠져드는 건 노출 환경이 더 큰 원인이지요. 그림 그리기, 퍼즐 맞추기, 그림책 읽기 등 조용히 놀 수 있는 놀잇감이 필요해요. 혼자 집중해서 노는 모습을 칭찬해주세요.

22

JANUARY

치·유·의·말

명절 모임에 가기 싫어할 때

"안 가면 어떡해? 설날인데 가야지. 세뱃돈 받으면 좋잖아." ❌

"어른들 만나면 불편한 게 있니? 어떤 점이 불편한지 말해줘.
엄마가 도와줄게. 어떻게 도와주면 좋을까?" ◎

어른들이 사랑으로 건네는 말도 아이에겐 불편한 잔소리가 됩니다. 그래서 가기 싫다고 투정 부리지요. 명절 모임에 대한 아이의 불편함을 치유해주세요. 아이와 함께 명절 덕담, 명절 금지어 등을 만들어보는 것도 좋습니다.

7

DECEMBER

강 · 점 · 의 · 말

큰 눈이 내리는 날,
특별한 추억을 만들고 싶을 때

"눈이 너무 많이 와서 나가면 안 돼." ❌

"와, 눈 맞으러 나갈까? 눈사람도 만들어볼까?
준비를 철저히 하고 눈 세상으로 출동!" ◎

걱정하는 마음은 접어서 서랍 깊숙이 넣어두고, 눈 세상의 즐거움을 만끽해보
세요. 눈이 많이 내리면 보리가 풍년이라 옛부터 대설의 눈은 모두가 기쁘게
맞이했어요. 그런 기쁨을 아이 몸속에 각인시켜주세요.

23

JANUARY

긍 · 정 · 의 · 말

엄마가 정신없는 틈을 타
게임과 유튜브에만 빠져 있을 때

"어휘, 스마트폰 그만 보고 다른 것 좀 해." ❌

"우리가 아무 계획을 안 세워서 스마트폰만 보게 되는구나.
미리 의논했어야 했는데. 뭐 하고 있으면 좋을까?" 🎯 ⭕

명절 때 엄마가 정신없이 바쁘면 아이는 스마트폰에 빠져들기도 하지요. 잠시
틈을 내어 아이와 놀이 계획을 세워보세요. 투호, 윷놀이 등 설날 민속놀이를
알려주면 아이들끼리도 재미있게 놀 수 있답니다.

6

DECEMBER

사 · 고 · 의 · 말

욕을 썼을 때

`‹‹‹‹‹‹‹‹‹‹—`

"그런 말을 하면 안 된다고 했잖아." ❌

"애들이 다 욕을 쓴다고 변명하는 건 비겁한 거야.
욕과 바른말, 앞으로 어떤 걸 선택하고 싶니?" ◎

주변에는 늘 욕하는 아이들이 있습니다. 무심코 따라 하기도 하고, 금기의 말을 내뱉는 묘한 짜릿함도 있지요. 어떤 선택을 할 것인지 명확히 질문해주세요. 그래야 아이도 좋은 사람이 되기 위해 현명한 선택을 할 수 있습니다.

24

JANUARY

사 · 고 · 의 · 말

세뱃돈을 마음대로 쓰려고 할 때

"엄마가 저축해두었다가 나중에 주면 되잖아." ❌

"○○이 통장을 만들어서 저축할 때마다 같이 확인하자.
이 돈은 네가 꼭 필요할 때 의논해서 사용할 거야. 어때?" ◎

세뱃돈은 엄마가 맡아두는 경우가 많지만, 아이는 직접 확인하지 못해 불만입니다. 아이 명의의 통장을 만들어서 용돈이 생길 때마다 은행에 직접 저축하는 습관을 키워주세요. 건강한 경제교육의 시작입니다.

5
DECEMBER
긍 · 정 · 의 · 말

보드게임에 져서 얼굴을 찌푸릴 때

-{{{{{{{-

"너 또 졌다고 그러는 거니? 자꾸 그러면 너랑 게임 안 한다." ❌

"속상한 마음을 진정시키려 애쓰는구나.
잘하고 있어. 시간이 필요할 거야." ◎

아이가 져서 얼굴 찌푸리고 짜증 낼 때 엄마는 의연하기를 바랍니다. 하지만
속상한 마음을 진정시키려 애쓰는 것임을 알아주세요. 그 마음만 알아주면 서
서히 패배도 받아들일 줄 아는 성숙한 모습으로 자랄 겁니다.

25
JANUARY
강 · 점 · 의 · 말

마음대로 안 된다고
짜증 내면서도 계속할 때

"짜증 낼 거면 그만해. 안 해도 되잖아." ❌

"포기하고 싶은 마음을 잘 참는구나.
제대로 끝까지 해내고 싶은 거지?" ◎

끈기 있는 태도는 참 감사한 강점입니다. 아이는 잘하고 싶지만 마음대로 잘 되지 않아 속이 상해 화를 내지요. 화내는 태도보다 끝까지 해내고 싶은 마음을 알아주기만 해도 아이의 강점은 무럭무럭 성장할 수 있습니다.

4

DECEMBER

치 · 유 · 의 · 말

"난 얼굴도 못생기고 키도 작아."
라며 우울해할 때

〈〈〈〈〈〈〈—

"네가 왜 못생겼니? 누가 그래?" ❌

"그런 마음이 들어서 기분이 나빴겠네.
이럴 때 슬픔을 치료하는 비법을 알려줄까?" ◎

키나 외모 때문에 속상해한다면, 감정에 초점을 맞추어 '슬픔을 치유하는 비법'을 아이에게 알려주세요. 꽃 화분 사기, 과일 주스 만들기, 새로운 곳 찾아가기. 뭔가 새로운 일 한 가지만 해도 우울한 감정은 사라질 거예요.

26

JANUARY

엄·마·를·위·한·말

내가 잘못해서
아이를 망치는 것 같을 때

"난 엄마 자격이 없나 봐. 내가 잘못해서 우리 아이가 저렇게…" ✗

"다 잘하는 부모는 없어. 난 내가 잘할 수 있는 걸 찾아야겠어." ◎

모든 걸 잘하는 부모는 세상에 없습니다. 엄마가 자책하면 아이는 자기 때문
이라는 생각에 상처를 입지요. 자신의 강점을 살려 실천할 수 있는 것부터 해
보세요. 육아도 수월해지고 아이도 잘 자랄 수 있답니다.

3

DECEMBER

공 · 감 · 의 · 말

집에 놀러 온 친구와
장난감 때문에 다툴 때

‹‹‹‹‹‹‹-

"우리 집에 온 손님인데 장난감 빌려주고 사이좋게 놀아야지." ❌

"친구에게 빌려주기 싫은 이유를 말해줄 수 있어?
다음엔 빌려주기 싫은 건 미리 치워놓자." ◎

친구가 놀러 와도 장난감을 빌려주지 않을 때가 있어요. 아이와 다른 방에서
이야기를 나누어보세요. 빌려주기 싫은 마음에 공감해주고, 다음에는 미리 치
워두자는 제안만으로도 아이의 마음은 풀리고 친구와도 더 잘 놀 수 있습니다.

27

JANUARY

사 · 랑 · 의 · 말

아침에 눈 비비며 잠에서 깰 때

"늦었어. 빨리 일어나. 5분밖에 안 남았어." ❌

"우리 ○○이 잘 잤어? 좋은 아침이야.
엄마가 쭉쭉이 마사지해줄게." ◎

아이가 밝은 마음으로 하루를 시작할 수 있도록 사랑을 전해주세요. 엄마의 다정한 미소, 부드러운 목소리, 따뜻한 손길이 아이의 몸과 마음을 사랑으로 채워주고, 세상에 사랑을 나눌 줄 아는 아이로 자라게 합니다.

2

DECEMBER

엄·마·를·위·한·말

올해 아이에게
어떤 엄마였을지 궁금해질 때

〈〈〈〈〈〈〈~

"맨날 좋은 엄마가 되겠다고 하면서 제대로 한 게 없네." ✖

"내가 잘한 점과 잘못한 점이 뭘까? 아이에게 물어봐야겠어." ◎

올해 초에 결심했던 엄마 역할을 어느 정도 완성했나요? 후회가 더 큰가요? 아이에게 물어보세요. 엄마가 잘한 점을 찾아줄 거예요. 아이와 함께 밥을 먹고, 잘 놀고, 챙기기도 잘했죠. 충분히 좋은 엄마였음을 기억하세요.

28
JANUARY
사 · 랑 · 의 · 말

음식 먹을 때

"고기만 먹지 말고 채소도 좀 먹어. 꼭꼭 씹어 먹어야지." ❌

"꼭꼭 씹어 먹는 모습이 너무 복스러워. 엄만 보기만 해도 배불러.
먹는 채소도 점점 많아지네." ◎

아이의 행동과 태도를 고치고 싶을 땐 지적하지 마세요. 잘 먹는 모습, 노력하
는 모습, 사랑스러운 모습을 찾아 칭찬해주세요. 조금은 과장되게 표현해도
좋아요. 아이는 칭찬받은 행동을 계속하고 싶어 하니까요.

1
DECEMBER
감·사·의·말

머뭇거리며
작은 목소리로 사과할 때

"사과를 왜 그렇게 하니? 똑바로 하지 못해?" ❌

"사과하기로 용기를 내었구나.
잘했어. 한 번 더 큰 목소리로 말해줄래?" ◎

잘못하면 당연히 사과해야 하지만 쉬운 일이 아닙니다. 아이가 사과할 때 그 용기에 칭찬하고 고맙다 말해주세요. 그래야 필요할 때 사과할 줄 알고, 사과할 일을 만들지 않는 지혜를 키울 수 있으니까요.

29
JANUARY
사 · 랑 · 의 · 말

놀이에 집중해서
엄마가 불러도 듣지 못할 때

"넌 엄마 말을 왜 못 듣니? 엄마가 부를 땐 대답 좀 해." ✖

"집중해서 노는 모습이 참 보기 좋네. 그런데 이제는 놀이를 멈추고
밥 먹을 때야. 가서 손 씻고 올래?" ◎

아이는 무언가에 집중하면 엄마가 불러도 잘 못 듣기도 하지요. 그럴 땐 아이의 어깨를 다독이며 먼저 '집중하는 모습'을 칭찬해주세요. 그런 다음 천천히 말하면 됩니다. 칭찬받은 아이는 집중도, 주의전환도 잘하게 됩니다.

12

DECEMBER

30
JANUARY
사 · 랑 · 의 · 말

잠자리에 누워
하루를 마무리할 때

"빨리 좀 자. 늦었잖아. 내일 못 일어나면 어쩌려고." ❌

"○○이가 노는 모습이 얼마나 사랑스러운지 아니?
엄마도 네 모습을 보면서 행복했어." ◎

하루를 마무리하는 시간, 아이는 엄마의 사랑을 품에 안고 편안하게 잠들어야
합니다. 아이의 노는 모습을 구체적으로 표현하고 사랑을 전해주세요. 말로
표현하는 진짜 사랑을 받은 아이는 더 편안하게 깊이 잠듭니다.

30
NOVEMBER
감 · 사 · 의 · 말

마음속 보석을
반짝반짝 빛내주고 싶을 때

"넌 할 수 있는 데 왜 안 하니? 왜 재능을 썩혀?" ❌

"넌 한번 시작하면 끝까지 하는구나.
복잡해도 차근차근 풀어나가네. 참 감사한 일이야." ◎

아이의 잠재력은 무궁무진합니다. 하지만 스스로 발휘하긴 어렵죠. 아이가 가진 수많은 보석에 감사하며 그 보석을 캐내보세요. 감사하기만 해도 아이는 스스로 좋은 사람, 노력하는 사람이 되려 애씁니다.

31

JANUARY

감 · 사 · 의 · 말

신발 정리를 했을 때

"원래 집안일은 같이 하는 거야. 너도 그 정도는 해야지." ❌

"신발 정리를 해주니 엄마가 정말 수월해졌어. 고마워.
어떻게 그런 생각을 했니?" ⭕

아이도 자라면서 집안일을 나누어 할 줄 알아야 합니다. 하지만 의무가 된다
면 하고 싶은 마음이 들지 않지요. 아이가 작은 일을 했을 때 고마움을 전해주
세요. 그러다 보면 아이가 스스로 찾아서 하는 일이 더 많아집니다.

29
NOVEMBER
사 · 랑 · 의 · 말

리더십을 발휘하기 바랄 때

"좀 적극적으로 나서봐. 내년엔 회장 출마도 하고." ✕

"보드게임 할 사람 여기 여기 모여라.
숙제 같이할 사람 여기 여기 모여라." ◎

"숨바꼭질 할 사람 여기 여기 모여라." 이제 거의 들을 수 없는 말이 되었지만,
엄마가 먼저 한번 해보세요. 아이도 친구들과의 놀이에서 발휘하게 됩니다.
리더십도 놀이 경험에서 발전한답니다.

2

FEBRUARY

28
NOVEMBER
사 · 랑 · 의 · 말

마음 준비물을 잘 챙기는
아이로 키우고 싶을 때

"재미있게 보내야 해. 알았지? 공부도 열심히 하고." ❌

"친구와 인사할 땐 어떤 표정이 좋을까?
수업 시간이 지루하고 재미없을 때는 어떻게 하면 좋을까?" ◎

하루를 시작하는 아이는 친구에게 미소 짓고 인사할 준비, 다정한 태도, 속상할 때 스스로를 위로할 말, 어려워도 끝까지 해낼 수 있는 마음 준비물이 필요해요. 아이가 스스로 챙길 수 있을 때까지 엄마의 말이 필요합니다.

FEBRUARY

감·사·의·말

무거운 짐을 든
엄마를 도와주려 할 때

"됐어, 괜찮아. 네 거나 잘해." ❌

"엄마 무거울까 봐 마음 쓰였구나. 짐 들어줘서 고마워." ◎

아이는 엄마가 즐거우면 함께 즐겁고, 슬퍼하면 덩달아 슬퍼지지요. 아이가 나서다 더 번거롭게 되기도 하지만, 정말 감사한 일이지요. 도움을 밀어내지 말고 고마움을 전해주세요. 점점 더 엄마를 잘 도와주는 아이로 자라납니다.

27

NOVEMBER

사 · 랑 · 의 · 말

아이의 요청에 고민이 될 때

"생각할 것도 없어. 안 된다면 안 되는 거야." ❌

"엄마가 생각해보고 내일 학교 후에 말해줄게." ◎

요청에 즉각적으로 가부를 말하면 아이도 포기하지 않고 계속 떼를 씁니다. 이젠 신중하게 생각하는 모습을 보여주세요. 엄마가 숙고하는 모습을 통해 아이도 다시 생각할 수 있고, 만족 지연하는 능력도 키울 수 있어요.

2

FEBRUARY

엄·마·를·위·한·말

가끔 혼자 있고 싶을 때

"쟨 왜 저렇게 나를 한시도 가만히 두지 않고 못살게 구는 걸까?" ❌

"혼자 있고 싶다는 말을 한 적이 없네.
누군가의 도움을 받거나 아이에게 솔직히 말해볼까?" ◎

엄마도 혼자만의 시간이 필요합니다. 아이에게 "30분 동안 엄마만의 시간이
필요해. 혼자 놀거나 책 읽으며 기다려줄 수 있어?"라고 말해주세요. 아이도
엄마의 시간을 존중할 수 있습니다.

아이에게
좋은 거울이 되고 싶을 때

"아이는 나보다 훨씬 나은 사람이 되어야 해." ❌

"아이에게 바라는 모습을 내가 먼저 보여주자.
아이는 보고 들은 대로 자라니까." ◎

부모는 아이의 거울이지요. 아이가 웃기를 바라면 엄마가 먼저 웃으면 되고, 책 읽기를 바란다면 엄마도 재미있게 책을 보세요. 그럼 글자를 몰라도 책 보는 시늉을 하며 책을 좋아하는 아이로 자랄 수 있어요.

3
FEBRUARY
공 · 감 · 의 · 말

사소한 일에도
불안해하거나 겁을 낼 때

"왜 이렇게 겁이 많은 거니?" ✖

"겁이 나는구나. 엄마가 잘 지켜줄게.
그동안 찬찬히 살펴보고 뭐가 겁나는지 이야기해줄래?" ◉

겁이 많은 아이를 비난하면 걱정과 불안이 더 커집니다. 두려운 마음을 읽어
주고, 엄마가 지켜줄 거라고 말해주세요. 그래야 마음이 진정되고 겁나는 대
상을 객관적으로 살펴볼 힘이 자랄 수 있습니다.

"난 못해."라며
도전하지 않으려 할 때

"못하긴 왜 못해. 해보지도 않고 왜 그래?" ❌

"굉장히 신중하구나. 어렵게 생각되는 이유를 말해줄래?
네가 할 수 있는 부분도 찾아보자." ⦿

신중함과 예민함은 매우 큰 강점이에요. 어려운 이유를 먼저 찾고, 그 예민함으로 작은 가능성을 찾도록 도와주세요. 도전할 마음이 커지면서 강점도 잘 발전할 수 있습니다.

4

FEBRUARY

치·유·의·말

울먹이며 말을 똑바로 못 할 때

"그만 울어. 말로 하면 되잖아." ❌

"울어도 괜찮아. 많이 속상했지?
엄마가 네 마음 다 알아줄게. 사랑해." ◎

아이가 울먹일 땐 마음으로 따뜻한 봄을 느끼게 해주세요. 엄마의 다정한 목소리가 봄날의 햇살이랍니다. 엄마가 다독여주면 속상한 마음은 저절로 사라지고, 예쁜 목소리로 또박또박 말하고 싶어질 거예요.

24
NOVEMBER
사 · 고 · 의 · 말

잘 못하면서 할 수 있는 척할 때

"넌 잘 못하면서 왜 할 수 있다고 큰소리치니?" ❌

"할 수 있다고 생각했구나.
하지만 못하면 못한다고 솔직히 말하는 게 가장 멋있어." ◎

친구가 장난감 자동차 조립하는 법을 묻자 잘 모르면서 할 수 있다고 큰소리 칩니다. 아는 것, 잘하는 것만 칭찬받을 수 있다는 잘못된 생각에서 비롯된 것 일 수 있어요. 이럴 때는 솔직한 게 가장 멋있는 모습임을 알려주세요.

5
FEBRUARY
긍 · 정 · 의 · 말

엄마가 아무리 불러도
대답을 하지 않을 때

"왜 대답을 안 하니? 빨리 대답해야지!" ❌

"고갯짓으로 대답해줘서 고마워.
그런데 엄마는 ○○이 목소리도 듣고 싶어." ◎

엄마가 불러도 고개만 끄덕이거나, 아예 답하지 않는 경우도 있습니다. 이럴 때는 지적하기보다 아이의 대답 방식을 인정해주고, 잘 대답했을 때 고마움을 전해주세요. 저절로 대답을 잘하고 싶은 마음이 들게 됩니다.

23

NOVEMBER

긍 · 정 · 의 · 말

문제가 많아 보이는
친구와 놀려고 할 때

"걘 좀 그렇잖아. 놀기만 하고, 욕도 잘하고." ❌

"친구의 어떤 점이 좋아? 엄만 네가 욕을 따라 할까 걱정돼.
친구에게 욕하지 말자고 할 수 있니?" ◎

아이의 친구 기준은 어른들과 다를 때가 많지요. 못 어울리게 하기보다는 친구의 어떤 점이 좋은지, 엄마의 걱정은 무엇인지 이야기를 나누어보세요. 오히려 우리 아이가 좋은 영향을 주는 역할을 할 수 있도록 도와주세요.

6
FEBRUARY
사 · 고 · 의 · 말

외출하는 아이를 배웅할 때

"잘 다녀와, 선생님 말씀 잘 듣고." ❌

"재미있게 공부하는 방법 알려줄까?
궁금한 점 하나를 질문하면 돼. 그럼 하루가 즐거울 거야." ◎

아이의 일과는 의외로 단순하고 지루합니다. 질문을 통해 재미있게 공부할 수 있도록 도와주세요. 수업 시간에 질문하는 태도는 더 깊이 생각하고 배우는 아이로 성장하게 합니다.

22
NOVEMBER
치·유·의·말

김치 먹기를 거부할 때

"김치를 왜 안 먹어. 한국 사람이면 김치를 먹어야지." ❌

"입에 안 맞는구나. 네가 잘 먹는 방법을 연구할게. 기대해." ◎

김치는 영양이 풍부할 뿐 아니라 겨울에도 싱싱한 채소를 먹을 수 있도록 독특한 저장 방식을 사용한 조상의 지혜가 담긴 음식이지요. 못 먹는 걸 억지로 먹이면 오히려 더 거부합니다. 아이가 잘 먹는 김치를 만들어보세요.

7

FEBRUARY

강 · 점 · 의 · 말

날이 추운데도
계속 바깥 놀이만 하려 할 때

"밖에 춥잖아. 감기 걸리면 어떡하려고 그래?" ❌

"이렇게 추운데 진짜 용감하네. 지혜롭게 노는 방법을 생각해보자.
감기에 안 걸리려면 얼마만큼이 적당할까?" ◎

에너지가 많은 아이는 추위에 아랑곳하지 않습니다. 그렇다고 원하는 대로 무
작정 놀게 하면 안 되지요. '적당한 시간'을 물으면 아이도 슬기롭게 생각하려
애쓴답니다. '지혜로운 에너자이저'로 성장하도록 도와주세요.

21
NOVEMBER
공 · 감 · 의 · 말

발표를 제대로 하지 못할 때

"큰 목소리로 발표를 해야지. 왜 이렇게 못하니?" ✕

"발표를 잘하고 싶구나. 괜찮아.
너도 학년이 올라갈 때마다 점점 잘하게 될 거니까." ◎

유난히 발표가 힘든 아이도 있습니다. 커가면서 천천히 적응 중이죠. 1년 내내
발표를 하지 않아도 괜찮아요. 자신도 잘하고 싶은 욕구가 영글면 결국 발표
를 잘하게 되니까요. 재촉과 압박은 오히려 부작용만 낳는답니다.

8
FEBRUARY
엄·마·를·위·한·말

봄을 알리는
꽃봉오리를 발견했을 때

"여린 꽃봉오리가 꼭 우리 ○○이 같네. 다치면 어떡하지?" ❌

"이렇게 추운데 여린 잎을 피우다니 정말 대단해.
꼭 우리 ○○이 같아." ◎

아이는 수없이 다치고 상처받지만, 다시 회복하며 배우고 성장합니다. 어제
다치고도 또 미끄럼틀 타겠다는 아이를 보세요. 참 신기하지요? 무한한 생명
력을 지닌 존재가 바로 우리 아이랍니다. 너무 걱정하지 않아도 괜찮습니다.

20
NOVEMBER
엄·마·를·위·한·말

지혜롭게 충고를 하고 싶을 때

"왜 우리 아이는 아무리 충고해도 말을 안 듣지?" ❌

"아무리 어려도 충고는 허락받고 하는 게 맞아.
아무나 내게 충고하면 나도 기분 나쁘잖아." ◎

주옥같은 충고도 일방적이라면 아이 마음에 자리 잡지 못하지요. 아이가 충고를 받고 싶은 마음이 아니니까요. "엄마가 한 가지 방법을 아는데 배우고 싶어? 가르쳐줄까?" 이 말에 OK 사인을 보낼 때 충고해주세요.

9

FEBRUARY

공 · 감 · 의 · 말

"엄만 맨날 컴퓨터만 하고 있잖아. 안 놀아주고."라고 말할 때

"엄마가 언제 컴퓨터만 했다고 그래? 넌 숙제하면 되잖아." ❌

"엄마가 1시간 정도 할 일이 있어.
우리 5시까지 각자 할 일 다 하고 거실에서 만나서 놀까?" ◎

아이는 엄마와 눈 맞추고 웃으며 재미있게 놀고 싶습니다. 그런데 컴퓨터 하는 엄마의 옆모습은 아이를 외롭게 하지요. 아이와 다시 만날 시간을 함께 정해보세요. 아이는 '따로, 또 같이'의 의미를 배울 수 있습니다.

놀이터에서 집에 들어가지
않겠다고 떼를 쓸 때

"실컷 놀았잖아. 이제 들어가. 엄마가 끌고 가야겠니?" ❌

"아직 더 놀고 싶은 거야? 그런데 들어가야 할 시간이야.
얼마만큼 더 놀고 싶어?" ◎

한참 놀고도 더 놀겠다고 떼를 쓰면 난감합니다. 그렇다고 등짝을 때리거나 억지로 끌고 가면 안 됩니다. 나도 모르게 아동학대를 하는 거니까요. 아이에게 원하는 시간을 물어보세요. 의외로 합리적으로 의논할 수 있어요.

10
FEBRUARY
치·유·의·말

위로의 말이 효과가 없을 때

"이만큼 위로했으면 됐잖아. 이제 마음 좀 풀어." ❌

"아직 마음이 풀리지 않았구나. 어떤 말이 위로가 될까?
엄마도 좀 더 생각해볼게." ◉

위로의 말이 도움이 되지 않을 때도 있지요. 그럴 땐 아이를 다그치지 마세요.
오히려 그 마음을 수용해주고, 위로의 말을 찾아보겠다고 말해주는 게 좋습니
다. 뭐라 말해야 할지 모를 때는 따스한 미소로 안아주고 토닥여주세요.

18
NOVEMBER
사 · 고 · 의 · 말

"엄마, 내 물건 마음대로 치웠어요?" 라며 따질 때

"그거 재활용에 버렸어. 너 안 쓰는 거잖아." ✕

"너한테 중요한 거였어? 한참 동안 안 쓴 거라 일단 치웠어.
묻지 않고 치워서 미안해." ◎

아무리 하찮아 보여도 아이의 의견을 먼저 물어봐주세요. 만약 치우길 거부한다면, 아기 때 쓰던 옷, 이불, 침대나 우유병 등이 지금도 있다면 어떨지 물어봐주세요. 아이도 물건과의 헤어짐이 필요함을 느낄 수 있을 거예요.

11
FEBRUARY
긍·정·의·말

그림 그리다 어려운 부분을
계속 엄마에게 부탁할 때

"네가 직접 그리면 되잖아. 할 수 있는데 왜 자꾸 엄마한테 시켜?" ❌

"넌 못한다는 생각이 들어? 엄마가 실패와 도전의 용기를 충전시켜줄게.
하나, 둘, 셋! 충전 완료!" ⭕

아이는 의외로 완벽을 추구해서 엄마의 손을 빌리려 합니다. 실패해도 좋다는
메시지를 전해주세요. 아이의 가슴과 등에 손바닥을 대고 힘주어 구호를 외치
면 진짜 용기가 충전된답니다. 점차 스스로 하는 힘이 강해질 거예요.

"어떤 애가 내 발을 밟고 사과도 안 했어."라고 말할 때

"정말 이상한 애네. 어떻게 사과도 안 할 수 있어?" ❌

"다치진 않았어? 그 아이가 사과를 안 한 이유가 뭘까?
혹시 급한 일이 있었던 게 아닐까?" ◎

아이들은 여러 이유로 사과를 못 할 때가 많아요. 우리 아이가 피해를 본 상황에서도 상대 아이를 원망하기보다 차분히 이유를 탐색해보세요. 친구에 대한 이해를 높이고, 다음 날 사과를 받고 싶다고 말할 용기를 키울 수 있어요.

12

FEBRUARY

사 · 고 · 의 · 말

알아서 할 일을 자꾸
"나 이거 해도 돼?" 하며 물어볼 때

"왜 그런 걸 자꾸 물어봐. 그건 네가 알아서 해." ❌

"허락받아야 한다고 생각했구나.
네가 혼자 판단해도 되는 게 무엇일지 의논해보자." ◎

자꾸 엄마에게 허락을 구하는 이유는 스스로 판단하고 행동하는 일에 미숙하기 때문입니다. 혼날까 봐 걱정이 클 때도 이런 모습이 나타납니다. 스스로 판단할 것과 허락을 구해야 하는 것을 구분하는 대화가 필요합니다.

16

NOVEMBER

치 · 유 · 의 · 말

날마다 미운 친구 이야기를 할 때

"그만 좀 얘기해. 그냥 무시하면 되잖아." ✖

"그 아이가 계속 불편하구나.
미운 생각을 떨쳐버리고 '하던 일에 집중하자.'라고 생각해봐." ◎

왠지 잘 맞지 않는 친구도 있습니다. 이럴 땐 그 생각하느라 즐겁게 놀고 공부할 때 써야 할 에너지가 사라지고 있음을 깨닫게 도와주세요. 외부의 부정적 자극에 상처받지 않는 힘을 키워주세요.

13
FEBRUARY
강 · 점 · 의 · 말

마음먹은 건 잘하는데
엄마가 시키는 건 안 할 때

"하고 싶은 것만 할 순 없어. 싫어도 해야 돼. 빨리 해." ❌

"스스로 결정하고 싶구나. 그럼 엄마가 시키는 것 중
네가 알아서 할 수 있는 건 뭐가 있을까?" ◎

주도적인 아이는 아이디어도 자신이 내기를 바라고, 선택과 결정도 스스로 하기를 원합니다. 아주 훌륭한 기질입니다. 시키는 걸 하기 싫어하는 아이가 아니라, 스스로 방법을 찾고 싶어 하는 아이라는 점을 기억해주세요.

15

NOVEMBER

공 · 감 · 의 · 말

"엄만 왜 내 말을 안 믿어요?"라고 따질 때

"거짓말했잖아. 보나마나 뻔한데 네 말을 어떻게 믿어?" ✗

"네 말을 못 믿어서 미안해. 많이 억울했구나." ◎

뻔한 거짓말일 때도 아이가 아니라고 하면 믿어주세요. 그래야 잘못을 반성하기 시작합니다. 심증만으로 다그치면 원망만 커지지요. 연말에 진실게임을 하며 고백하지 못한 잘못에 대한 짐을 내려놓도록 도와주는 방법도 좋습니다.

14
FEBRUARY
엄·마·를·위·한·말

아이에게 잘못하고
미안하다는 생각이 들 때

"왜 이렇게 나는 아이에게 잘못하고 맨날 후회하지?" ❌

"아무리 어려도 미안할 때 사과를 해야 해. 용기를 내서 사과하자." ◎

엄마도 아이에게 많은 실수를 하지요. 잘못한 건 무조건 사과하는 게 맞아요.
사과하지 않으면 아이 마음엔 원망이 자라나지요. 사과로 마음의 앙금을 해소
해주세요. 모처럼 밀린 사과를 해보면 어떨까요?

14
NOVEMBER
엄·마·를·위·한·말

아이의 창의력을
키우고 싶을 때

"왜 쟤는 늘 엉뚱한 짓만 할까?" ❌

"아이의 기발함을 창의성으로 발전시키려면 어떻게 해야 할까?
현실적으로 가능한 방법은?" ◎

스스로를 창의적이라고 생각하면 정말 창의성이 발전합니다. 그 시작은 바로
엄마의 말입니다. 창의적이라 칭찬하면 아이도 스스로 그렇게 생각하게 되고
실현 가능한 아이디어를 떠올리며 창의성을 발전시킬 수 있습니다.

15
FEBRUARY
공 · 감 · 의 · 말

어른을 봐도 인사하지 않고
엄마 뒤로 숨을 때

"얘가 왜 이래? 빨리 인사해야지. 이리 나와." ❌

"천천히 인사해도 돼. 마음의 준비가 되면 '준비됐어요'라고 말해줘." ⭕

수줍음이 많고 적응하는 데 오래 걸리는 아이에게는 넉넉한 시간을 주세요.
준비 시간이 있음을 알려주면 아이는 자신의 마음에 집중할 수 있습니다. 이
런 경험이 쌓이면 타인을 자연스럽게 대할 수 있습니다.

13
NOVEMBER
강 · 점 · 의 · 말

진지해야 하는데
자꾸 장난치려 할 때

"제발 조용히 가만히 좀 있어!" ❌

"넌 유머가 참 많은 아이야.
다만, 유머를 사용할 때와 아닐 때를 구분한다면 너무 훌륭할 거야." ◎

조용히 해야 하는 순간은 참 많습니다. 기도하거나 제사 지낼 때, 음악회나 미술관에서도 그렇지요. 장난을 잘 치고 웃기려 하는 아이에게는 때와 장소를 구분하는 법을 가르쳐주세요. 그래야 강점이 잘 자랄 수 있습니다.

16
FEBRUARY
치 · 유 · 의 · 말

안 되는 이유를 설명해도
구석에서 삐쳐 있을 때

"안 된다고 했잖아. 너 또 그러고 있을래? 빨리 나와." ❌

"마음을 진정할 시간이 필요하구나.
그래, 기다릴게. 진정되면 엄마가 안아줄게." ◎

삐치는 걸 나쁘게만 보지 마세요. 요구를 거절당했을 때 마음을 진정시킬 시간이 필요하다는 의미니까요. 시간이 얼마나 필요한지 묻는 것도 좋습니다. 이런 경험으로 스스로 마음을 조절하는 법을 배웁니다.

12

NOVEMBER
사 · 고 · 의 · 말

'할까? 말까?'
망설임이 너무 길 때

"왜 이렇게 망설여? 좋은 건 하고, 아닌 건 안 하면 되잖아." ❌

"네게 좋은 일이니? 누군가에게 피해를 주진 않을까?
너의 성장에 도움이 되니?" ⭕

아이는 쉽게 결정하지 못하는 경우가 많습니다. 그럴 땐 그 일이 나에게 좋은 일인지, 누군가에게 피해를 주지 않는지, 성장과 발전에 도움이 되는지, 이 세 가지 기준으로 생각한다면 현명한 선택을 할 수 있습니다.

카시트에 타기를
울며불며 거부할 때

"알았어. 그만 울어. 이번만 안 타는 거야. 다음엔 꼭 타야 해." ❌

"힘들 수 있어. 하지만 꼭 타야 해. 넌 충분히 할 수 있어.
네가 진정이 되면 출발할게." ◎

도로 교통법상 카시트 의무 나이는 만 6세까지이지만, 성인용 안전벨트는 아직 아이에게 위험하므로 12세까지는 아동용 카시트를 사용하는 것이 좋습니다. 아이가 진정될 때까지 기다려주세요. 아이도 점차 잘 받아들입니다.

11
NOVEMBER
긍 · 정 · 의 · 말

오래된 차에 애착이 강할 때

"차가 오래돼서 자주 고장 나고 위험해. 새 차 사면 좋잖아." ✖

"그동안 추억이 되게 많았지.
정말 고마웠어. 어떤 점이 고마웠는지 이야기해보자." ◎

새 차만 좋아할 것 같지만 그렇지 않은 경우도 많아요. 고장 난 장난감을 버리자고 해도 싫다고 하는 것과 마찬가지지요. 떠나보내는 것에 대한 이별식을 해주세요. 고마운 점을 많이 이야기해야 마음의 준비가 된답니다.

18
FEBRUARY
사 · 고 · 의 · 말

아이들이 자신을 봐달라고
요청하며 서로 질투할 때

"엄마가 몸이 몇 개야? 차례로 봐줄게. 좀 기다려!" ❌

"속상한 건 언니부터, 도움이 필요한 건 동생부터,
놀이는 가위바위보로. 지금은 어떤 상황일까?" 🎯

한 아이를 먼저 봐주면 다른 아이가 질투를 합니다. 이럴 때 '속상함, 도움과
위험, 놀이' 세 가지 중 어떤 상황인지 생각하는 질문을 해주세요. 그다음은 순
서대로 진행하면 됩니다. 평화가 더 빨리 찾아올 거예요.

10
NOVEMBER
치 · 유 · 의 · 말

새 차를 사자고 요구할 때

"아직 멀쩡한 차를 왜 바꾸니? 요즘 차들이 얼마나 비싼데." ✗

"혹시 친구네 차와 비교가 되니?
우리 차에 숨어 있는 이야기를 들어볼래?" ◎

우리 차가 오래되었음을 자각하는 때가 옵니다. 그럴 땐 자동차에 얽힌 소중한 추억을 말해주세요. 차에 애칭을 붙이는 것도 좋아요. 우리 가족의 행복 동반자로 이름을 붙인다면 새 차에 대한 유혹을 물리칠 수 있습니다.

19
FEBRUARY
강 · 점 · 의 · 말

호기심이 너무 많아
잠시도 가만히 있지 못할 때

"가만히 좀 앉아 있어. 왜 이렇게 정신없이 돌아다니니?" ❌

"궁금한 게 많은 건 정말 좋은 점이야.
한 번에 하나씩 탐구하면 더 재미있는 사실을 발견할 수 있어." ◎

호기심이 많은 건 엄청난 강점입니다. 의욕과 동기를 불러일으키니까요. 다만, 깊이 집중하는 연습과 훈련이 필요합니다. 한 번에 하나씩 살펴보도록 도와주세요. 시·청각적 자극을 줄여주는 것도 매우 중요한 방법입니다.

숙제를 계속 미룰 때

"너 또 하기 싫어서 그러지?" ✕

"뭔가 어려움이 있구나. 어떻게 하면 쉽게 할 수 있을까?" ◎

숙제를 미루는 이유는 하기 싫기보다는 어렵기 때문입니다. 그 마음에 공감해 주고, 어떻게 하면 숙제를 쉽게 할지 생각할 수 있게 도와주세요. 함께 의논하다 보면 어느새 아이는 쉽게 숙제를 해낼 수 있을 거예요.

20
FEBRUARY
엄·마·를·위·한·말

아이를 사랑해서 한 행동이
결국 아이를 아프게 했을 때

"내가 잘못해서 우리 아이를 망치는 건 아닐까?" ✖

"아이는 3만큼 잘못했는데 난 10만큼 화를 냈네.
나머지 7은 어디서 온 걸까?" 🎯

엄마의 묵은 상처가 죄 없는 아이를 괴롭히기도 합니다. 불안하고 지친 엄마도 휴식이 필요하고, 혼난 아이도 치유가 필요하죠. 맛있는 저녁을 먹으며 아이와 웃어보세요. 엄마도 아이도 오늘의 아픔을 치유할 수 있을 거예요.

8
NOVEMBER
엄·마·를·위·한·말

아이와 함께
겨울을 준비하고 싶을 때

"벌써 겨울이네. 추워지면 아이가 감기 걸릴 텐데 어떡하지?" ✖

"건강한 겨울을 보내려면 뭘 준비할까?
첫눈 내리는 날에는 뭘 할까?" 🎯

늘 걱정하는 것도 습관입니다. 생각의 방향을 바꾸어 겨울에만 할 수 있는 일을 떠올려보세요. 하얀 눈, 눈썰매, 스키, 겨울에 먹어야 맛있는 군고구마. 아이와 즐거운 겨울 상상을 이어가보세요. 기분이 좋아질 거예요.

21

FEBRUARY

공 · 감 · 의 · 말

"엄마, 일 안 하면 안 돼?"라고
아이가 물을 때

"일해야 너 장난감 사주지. 아빠가 돈을 잘 벌면 안 해도 되는데." ❌

"엄마가 너랑 더 많이 놀았으면 좋겠구나.
너랑 있는 시간 동안 더 재미있게 놀게. 사랑해." ◎

아이가 이런 말을 하는 건 엄마와 충분한 교감과 심리적 만족감이 부족하다는 의미입니다. 하루 30분이라도 함께 보내는 시간이 즐겁고 행복할 수 있게 놀아주세요. 아쉬운 마음이 있더라도 아이는 잘 커갈 수 있습니다.

7

NOVEMBER

강 · 점 · 의 · 말

엄마의 한숨에
"엄마 괜찮아?"라고 물어볼 때

"괜찮아, 가서 너 할 일 해." ❌

"물어봐줘서 고마워. 엄만 괜찮아.
너의 관심에 피곤이 사라지는 것 같아." ◎

배려심이라는 강점을 지닌 아이는 엄마의 작은 신호에도 반응하지요. 이럴 땐 강점을 지지해주세요. 고마움을 표현해야 아이도 자기 일에 더 잘 집중할 수 있어요. 단, 지나친 배려에는 한계를 지어주어야 합니다.

22

FEBRUARY

치 · 유 · 의 · 말

키즈 카페에 사람이 많아 내일 오자
하니 고개를 끄덕이며 글썽일 때

"괜찮다고 하고선 왜 울어? 싫으면 싫다고 해." ❌

"서운했구나. 엄만 네가 솔직하게 말하는 게 좋아.
원하는 걸 말해볼래? 기다려도 오늘 놀고 싶은 거야?" ◎

아이의 겉만 보고 마음을 보지 못하는 경우가 많습니다. 싫어도 참고 따르는
아이는 마음에 앙금이 남지요. 아이 마음을 알아차리고 감정을 충분히 표현하
도록 도와주세요. 결과는 같아도 마음 상태는 달라집니다.

6
NOVEMBER
사 · 고 · 의 · 말

놀이터에서
겉옷을 벗어두고 잊어버렸을 때

"또 잊어버리고 그냥 왔어? 왜 자꾸 깜빡해. 없어지면 어쩔래." ❌

"우리 숫자로 깜빡 괴물을 물리치자. 놀이가 끝나면 챙길 것 두 가지!
옷의 먼지 털기, 겉옷 챙기기." ◎

'깜빡 괴물'이라 이름 붙이면 자신을 비난하지 않고 고쳐야 할 행동이 무엇인지 명확히 알게 됩니다. 자주 잊어버리는 아이에겐 숫자로 기억하게 도와주세요. '두 가지가 뭐였지?'라며 확인하고 챙기는 습관이 점점 발전합니다.

23
FEBRUARY
긍 · 정 · 의 · 말

봄바람이 불기 시작하는 날을
알려주고 싶을 때

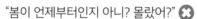

"봄이 언제부터인지 아니? 몰랐어?" ❌

"공기 냄새를 맡아봐. 희미한 봄 냄새가 나지 않니?
우리 같이 봄에게 인사해볼까?" ⭕

날이 풀리고 봄바람이 불기 시작합니다. 아이와 함께 아직은 차가운 바람 속
의 봄 냄새를 맡으며 소소한 행복을 만들어보세요. 추억이 하나씩 쌓일 때마
다 아이 마음은 더 건강하게 자란답니다.

5
NOVEMBER
긍 · 정 · 의 · 말

"내 마음이 빨강"이라 외칠 때

"또 빨강이야? 왜 이렇게 자주 빨강이 되니?" ❌

"앗, 빨강이구나. 말해줘서 고마워. 천천히 이유를 말할 수 있겠어?" ◎

아이의 감정 신호등이 자주 **빨강**이면 엄마는 마음이 불편해집니다. 나도 모르게 한숨 쉬게 되지요. 그럼 아이는 실망과 원망이 더 커집니다. 아이가 자신의 마음을 알아차린 점을 지지해주세요. 서서히 횟수가 줄어들 거예요.

24
FEBRUARY
사 · 고 · 의 · 말

너무 피곤한데
계속 놀아달라고 할 때

"엄마 피곤해. 저리 가서 혼자 좀 놀아." ❌

"엄마도 너랑 놀고 싶은데, 지금은 휴식이 필요해.
쉬고 나서 재밌게 놀자. 30분 기다려줄 수 있겠니?" ◎

피곤할 때는 억지로 놀아주지 마세요. 싫은 표정이 다 드러나고 결국엔 짜증
낼 수 있으니까요. 엄마의 상태를 솔직하게 말하고, 놀 수 있는 시간을 알려주
세요. 아이도 엄마를 기다리며 혼자 노는 방법을 탐구하게 됩니다.

4

NOVEMBER

치 · 유 · 의 · 말

작은 불편을 잘 참지 못할 때

"넌 왜 이렇게 불평이 심하니?" ❌

"안대를 끼고 화장실을 다녀와보자. 어때?
눈에 보이는 모든 것들이 감사하지?" ◎

점자의 날입니다. 아이가 풍요로운 조건에서도 불평이 많다면 오늘의 의미를
알려주세요. 주어진 것에 감사하는 마음에서 치유가 시작됩니다.

당장 하고 싶은 게 있으면
참지 못할 때

"갑자기 하고 싶다면 어떻게 하니? 다음에 해준다고!" ✖

"넌 생각하면 바로 실천하는 힘이 있구나.
대단해. 그런데 언제 하면 더 좋을지 현명하게 생각해보자." ◎

생각하자마자 행동하는 모습은 사실 엄청난 강점입니다. 실천력이 뛰어난 거지요. 다만, 조급한 마음을 진정시키고 가장 적절할 때를 생각할 수 있도록 도와주세요. 지혜롭게 행동하는 사람으로 성장합니다.

3

NOVEMBER

공 · 감 · 의 · 말

아이의 분노가 쉽게
멈춰지지 않을 때

"좀 그만해. 언제까지 그럴래? 엄마가 정말 못 살겠어." ❌

"감정 신호등이 필요하구나. 편안할 땐 초록,
울렁일 땐 노랑, 잔뜩 화날 땐 빨강. 지금 마음은?" ◎

'감정 신호등 놀이'를 자주 해주세요. "지금은 무슨 색?"이라 물어보기만 하면
됩니다. 감정의 신호등 이미지가 또렷해지면 화날 때의 조절 방법도 의논할
수 있습니다.

아이와 잘 놀아주지 못한다는
생각이 들 때

"내가 못 놀아줘서 어쩌지?" ❌

"난 내가 잘하는 방식으로 아이와 놀 수 있어.
걱정하지 않아도 괜찮아." ⦿

자책하지 말고 이렇게 생각을 바꾸어보세요. '난 아이와 조용히 잘 놀아.' '앉아서 그림 그리고, 아이클레이 하며 잘 놀 수 있어.' '아이 마음을 쉽게 알 수 있고 차분한 대화를 잘해.' '활동적인 역할은 다른 방법을 찾으면 돼.'

2

NOVEMBER

엄·마·를·위·한·말

엄마 노릇 하느라 스스로를
돌보지 못했다 생각될 때

"난, 왜 이렇게 허덕이며 살지? 꼴이 이게 뭐람?" ✖

"엄마 노릇 잘하려 무던히도 애썼어. 수고 많았어.
오늘은 날 위한 날이야." ◎

아이가 잘 자라길 바란다면 먼저 자신에게 좋은 사람이 되어야 해요. 나를 돌
보고 가꿀 줄 알아야 나에게 좋은 사람이죠. 나를 위해 맛있는 음식도 먹고 산
책도 해보세요. 자신을 돌보는 엄마를 보며 우리 아이도 똑같이 닮을 거예요.

27

FEBRUARY

사 · 랑 · 의 · 말

추운 날씨에 아이가 장갑을
잃어버려 손이 얼었을 때

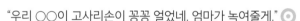

"손이 꽁꽁 얼었잖아. 그러게 장갑을 왜 자꾸 잃어버려!" ❌

"우리 ○○이 고사리손이 꽁꽁 얼었네. 엄마가 녹여줄게." ✓

찬 바람이 불 땐 조금만 놀아도 손이 꽁꽁 얼어요. 혼내기보다 언 손을 감싸 쥐고 '호호' 불어주세요. 엄마의 입김에 담긴 사랑이 아이 가슴에 따뜻하게 전해질 거예요. 장갑을 잃어버리지 않게 줄을 달아줘도 좋습니다.

1

NOVEMBER

감 · 사 · 의 · 말

걱정하던 일이 잘 해결되었을 때

"그것 봐, 걱정 안 해도 된다고 했잖아." ❌

"10월에 걱정하던 일이 해결되었네. 정말 감사하지?
네가 애쓴 덕분이야." ◎

지난달의 걱정을 되돌아보세요. 대부분 잘 해결되었을 거예요. 그런데도 다가
올 걱정은 더 많게 느껴지지요. 아이와 지난 걱정이 어떻게 되었나 돌아보고,
노력한 것에 감사해보세요. 얼마든 함께 잘 해결해갈 수 있을 거예요.

28
FEBRUARY
사 · 랑 · 의 · 말

아이와 단둘이 손잡고 산책할 때

"요즘 왜 자꾸 숙제를 미뤄?
그러니까 더 힘들잖아. 앞으론 그러지 마." ❌

"둘이 산책하니 너무 좋아. 요즘 많이 힘들었지?
위로의 아이스크림 어때?" ◎

모처럼의 산책을 잔소리나 충고로 채우지 마세요. 엄마와의 데이트를 기대한
아이는 실망감과 슬픔을 느낍니다. 위로와 격려를 해주고 싶다면 사랑만 전해
주세요. 소중한 추억이 마음의 힘을 키웁니다.

11
NOVEMBER

29
FEBRUARY
감·사·의·말

아이에게
고맙다는 말을 하고 싶을 때

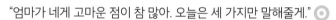

"네가 잘하고 있는 거 알아. 앞으로도 잘하자." ❌

"엄마가 네게 고마운 점이 참 많아. 오늘은 세 가지만 말해줄게." ◎

엄마가 고마워한다는 사실을 꼭 말로 전해주세요. 그래야 엄마의 큰 사랑이 아이에게 스며들어요. "꽃샘추위가 심했는데도 감기 걸리지 않아서, 장난감 치우는 시간이 오래 걸려도 끝까지 잘해줘서 정말 고마워."

31
OCTOBER
감 · 사 · 의 · 말

10월의 마지막 날,
왠지 모든 것에 감사하고 싶을 때

"세상 모든 것에 감사하지? 그렇지?" ❌

"엄마랑 동네 한 바퀴 돌까?
엄마는 이런 시간이 참 행복하고 감사해." ◎

10월의 마지막 날은 아이와 동네 한 바퀴 돌며 잡기 놀이도 하고, 동네 풍경도 감상하고, 사람 구경도 해보세요. 떨어지는 낙엽을 잡아 소원을 빌어도 좋아요. 새삼 온 세상에 감사함이 느껴질 거예요.

3

MARCH

30
OCTOBER
사 · 랑 · 의 · 말

"오늘 재미있었니?"
물어도 대답하지 않을 때

"넌 왜 대답을 잘 안 하니?" ✖

"다르게 물을게. 화장실 갈 때 혼자 가?
급식 먹는 순서는 어떻게 정해? 반찬은 뭐가 나왔어?" ◎

아이의 하루를 생각하며 구체적인 질문을 해보세요. 하나라도 대답하면 "아하! 그렇구나."라며 밝고 크게 리액션을 해주세요. 구체적으로 묻고, 작은 대답에도 적극적으로 반응할 때 아이는 엄마의 사랑을 더 잘 느낍니다.

1
MARCH
감 · 사 · 의 · 말

선열들께
감사의 마음을 전하고 싶을 때

"삼일절이 무슨 날인지 아니? 그 정도는 알아야지." ❌

"우리 조상님들이 일본의 지배를 벗어나려 목숨 걸고
'독립 만세'를 외친 날이야. 감사의 마음으로 태극기를 그려볼까?" ◎

일제 강점기에 나라의 독립을 위해 태극기를 만들고 '만세'를 외친 조상들에
대한 감사함을 이야기해주세요. 태극기를 따라 그려본다면 진심 어린 감사의
마음을 느낄 수 있을 겁니다.

29
OCTOBER
사 · 랑 · 의 · 말

아이에게 더 많은
스킨십을 해주고 싶을 때

"엄마가 안아줄게. 왜 자꾸 피하니?" ✕

"엄마가 오늘은 좀 힘들었어. 한번 안아줘." ◎

아이가 커가면 점점 스킨십을 거절하기 시작하지요. 거꾸로 아이에게 요청해
보세요. 사랑의 스킨십은 애정 호르몬인 옥시토신을 분비시켜 스트레스를 줄
이고 정서를 안정시켜주지요. 스킨십은 누가 시작해도 함께랍니다.

2
MARCH
엄·마·를·위·한·말

도저히 화를 참기가 어려울 때

"도대체 아이는 왜 자꾸 나를 화나게 만드는 거야?" ✘

"내가 화를 참기 어려운 이유는 뭘까?" ◎

엄마가 화를 참지 못한 이유가 있을 거예요. 아마도 너무 힘든 날이었거나 아이 걱정에 불안이 높아졌겠지요. 사실 아이는 제 나이다운 행동을 한 것뿐이랍니다. 아이와 산책을 해보세요. 별일 아니었음을 깨닫게 될 거예요.

28
OCTOBER
사 · 랑 · 의 · 말

아이와 특별한
주말을 만들고 싶을 때

"쉬는 날이니 밀린 숙제 다 하면 놀아줄게." ❌

"휴일에는 공부하지 말고 잘 쉬고 즐겁게 놀자.
뭘 하고 놀까? 단, 미디어는 제외!" ◎

밀린 숙제도 미디어도 모두 멀리하고, 쉬고 놀고 먹고 자는 진짜 휴일을 만들어보세요. 온 가족이 밀가루 반죽으로 수제비를 만들어 먹거나, 멍때리기 대회를 열어보면 어떨까요? '편안함이란 이런 거구나.'라고 느끼면 성공입니다.

3
MARCH
공 · 감 · 의 · 말

아침에 등원(등교)하기 싫다고
투정 부릴 때

"무슨 말도 안 되는 소리야. 빨리 준비해." ❌

"엄마도 너랑 있고 싶지만, 용기 내서 잠깐 헤어지는 거야.
네가 올 때까지 할 일 하면서 기다릴게. 오후에 만나자." ⭕

새 학년 적응이 어려울 때 엄마랑 있고 싶은 마음이 더 강해지지요. 엄마도 용기를 내어 잠시 떨어져 있는 것임을 알려주세요. 서로 기다리며 오후에 만나서 즐겁게 놀자는 말이 새로운 발걸음에 용기를 줄 수 있습니다.

27
OCTOBER
사 · 랑 · 의 · 말

아이와 멋진
데이트를 하고 싶을 때

"엄마랑 산책가자." ❌

"○○씨. 엄마와 데이트하지 않을래요?
멋진 곳에서 맛있는 거 먹으면서 행복한 시간을 만들어볼까요?" ◎

아이와 정식 데이트를 해보세요. 가장 예쁜 옷을 꺼내 입고, 좋아하는 카페에 가는 거예요. 어떤 음식을 먹고 무슨 얘기를 나눌지 생각해보세요. 엄마의 데이트 신청은 아이를 두근두근 설레게 만드는 사랑의 징표가 됩니다.

4
MARCH
치 · 유 · 의 · 말

뜬금없이
"엄마 싫어, 미워!"라고 외칠 때

"엄마가 아무 말도 안 했는데 왜 그래? 나도 너 미워." ❌

"엄마한테 서운한 게 있나 보네. 그게 뭔지 말해줄 수 있어?
그래야 엄마가 사과를 하지." ◎

정말 아무 일도 없었는데 갑자기 아이가 이렇게 미운 말을 할 때가 있습니다.
당황하지 말고 마음의 작은 상처 하나를 치유할 좋은 기회로 생각해주세요.
부드러운 엄마의 질문에 서운함이 씻은 듯이 사라질 수 있어요.

26
OCTOBER
엄·마·를·위·한·말

멋진 가을 추억을 만들고 싶을 때

"이렇게 열심히 놀아줘도 아이는 기억하지 못할 거야." ❌

"이 멋진 가을에 추억 만들기를 해야지. 단풍잎 놀이를 해볼까?" ◎

큰 종이에 아이 모습을 그리고 색색의 단풍잎으로 꾸며보세요. 단풍잎 위에 종이를 놓고 색연필로 문질러 본을 뜨는 프로타주 놀이도 좋아요. 행복한 추억이 엄마와 아이를 더 행복하게 해줄 거예요.

5
MARCH
긍 · 정 · 의 · 말

"오늘 재미있었니?" 물어도
"몰라요."라 말할 때

"뭘 몰라? 어땠냐고. 무슨 일 있었어?" ❌

"그럼 천천히 생각해보자. 혹시 마음 상한 일 있었어?
재미있는 일은? 천천히 생각하면 하나씩 떠오를 거야." ◎

모른다는 대답은 생각이 없거나 반항하려는 게 아닙니다. 막연한 느낌들이 구체적인 언어로 정리가 되지 못한 거지요. 천천히 생각할 수 있도록 도와주세요. 생각하고 있다는 걸 인정받은 아이는 진짜로 생각하기 시작하니까요.

25
OCTOBER
강 · 점 · 의 · 말

독도의 역사를
제대로 가르치고 싶을 때

"독도는 당연히 우리 땅이지." ✕

"독도가 우리 땅이라는 증거를 알아야 해.
그래야 어디서든 당당히 주장할 수 있어." ◎

무조건 주장하는 건 설득력이 없습니다. 타당한 근거를 찾아 표현할 수 있어야 합니다. 자료 조사, 역사 이야기 찾기, 독도박물관 조사하기 등 우리 아이가 잘할 수 있는 방법으로 독도의 날을 기념해보세요.

6

MARCH

사 · 고 · 의 · 말

새로운 시작의 의미를
가르쳐주고 싶을 때

"이제 새 학년이니 뭐든지 열심히 해야지." ✖

"겨울잠 자던 동물들이 깨어나는 화창한 봄날이야.
우리도 신나게 뭔가를 해볼까?" ◎

봄이 되면 정말 움츠린 마음이 활짝 펴지는 기분입니다. 오늘 아이와 신나는
일을 해보세요. 가고 싶었던 곳에 가거나 하고 싶었던 활동을 하면서 새롭게
시작해보세요. 아이의 잠재력도 활짝 피어나기 시작할 거예요.

24
OCTOBER
사 · 고 · 의 · 말

좋아하는 주제의
책만 읽으려고 할 때

"책을 다양하게 읽어야지. 왜 그런 책만 읽으려고 하니?" ❌

"넌 ○○ 책을 좋아하는구나. 엄마도 그런 종류의 책을 더 찾아볼게." ⭕

한 가지 주제의 책을 다양하게 읽는 과정이 바로 깊이 있는 독서가 됩니다. 아이가 좋아하는 주제와 관련된 다양한 분야의 책과 좀 더 수준 높은 책을 찾아주세요. 권장 연령은 접어두고 더 깊은 독서로 나아갈 수 있게 도와주세요.

7

MARCH

강 · 점 · 의 · 말

키즈 카페에 가도 한참을 망설이다 뒤늦게 놀기 시작할 때

"빨리 가서 놀아. 친구들 다 놀잖아. 너만 왜 그래?" ✖

"먼저 전체 지도를 볼까? 뭐가 어디에 있는지 알면 더 재미있게
놀 수 있어. 제일 먼저 어디서 놀고 싶어?" ◎

조심스레 행동하는 아이가 있습니다. 섬세하게 관찰하고 점검하는 건 훌륭한
강점이에요. 먼저 전체를 파악하도록 도와주고, 이상한 점, 무서운 점, 궁금한
점이 있는지 물어보세요. 시작은 느려도 더 깊이 경험할 수 있답니다.

23

OCTOBER

긍·정·의·말

뭔가를 하다가 중간에 그만둘 때

"넌 왜 맨날 끝까지 못 하고 중간에 포기하니?" ❌

"잘 안 되니까 그만두고 싶은 생각이 생겼구나.
용기 에너지가 방전돼서 그래. 우리 용기를 충전해볼까?" ◎

아이는 늘 '할까 말까'의 고민에 흔들립니다. 이럴 땐 용기 에너지를 충전해주세요. 두 손을 아이 가슴과 등에 대고 "하나, 둘, 셋!" 외치며 충전해주는 시늉을 하는 것만으로도 포기하고 싶은 마음이 사라질 수 있어요.

8
MARCH
엄·마·를·위·한·말

아이에게서
자신의 싫은 모습이 보일 때

"쟤 저러다 제대로 하는 게 없으면 어떡하지?" ❌

"나의 싫은 점이 아이에게서 보일 때 왜 이렇게 화가 날까?" ◎

아이에게서 나의 단점이 보여도 너무 불안해하지 마세요. 엄마 자신이 부모님께 바랐던 긍정의 말, 강점의 말을 아이에게 해주세요. 그럼 아이는 나보다 더 크게 자라게 될 거예요.

22
OCTOBER
치 · 유 · 의 · 말

"난 100점 받을 수 없어." 하며
슬퍼하고 좌절할 때

"못하긴 왜 못해? 열심히 하면 잘할 수 있어." ✖

"○○이 마음을 탐험해보자. 어떤 고약한 녀석이 자신감을 빼앗았을까?
찾아서 물리치기 작전을 세우자." ◎

자신감을 빼앗아 간 존재에 '심술이' 같은 이름을 붙여주세요. 그러고 나서 그
녀석을 물리치는 작전을 세우는 거예요. 그 녀석이 '넌 못해.'라고 말할 때 '아
냐, 난 할 수 있어.' 하고 대응하다 보면 자신감이 돌아오기 시작할 거예요.

9

MARCH

공·감·의·말

밥을 안 먹겠다고
투정 부릴 때

"안 먹어? 그럼 먹지 마. 다시는 안 해줄 거야." ❌

"우리 끝말잇기 놀이하면서 먹을까?
이 음식이 만들어지기까지 몇 사람의 손을 거쳤을지 세어볼까?" ◎

아이가 밥을 안 먹으면 엄마는 무척 속이 상합니다. 그렇다고 억지로 먹일 수는 없어요. 먹이려 하지 말고 함께 먹어보세요. 시간을 재거나 재미있는 이야기를 하거나 퀴즈 놀이를 하면 더 잘 먹을 수 있답니다.

21
OCTOBER
공 · 감 · 의 · 말

힘든 친구를 보고도
모른 척할 때

"친구가 힘든데 왜 도와주지 않니?" ❌

"네 꿈이 경찰관이잖아. 좋은 경찰은 힘든 사람을 도와준단다.
친구가 힘들 때 어떻게 도와줘야 할까?" ◎

경찰의 날입니다. 아이들은 어릴 적에 경찰관이 되는 꿈을 갖습니다. 멋진 제복을 입고 어려움에 처한 사람을 돕는 영웅이기 때문이지요. 혹시 힘든 일이 있을 때는 경찰관에게 도움을 청해야 한다는 사실도 알려주세요.

10

MARCH

치 · 유 · 의 · 말

친구가 나랑 안 논다고 말했다며
속상해할 때

"누가 그랬어? 네가 어떻게 했길래 친구가 그런 말을 해?" ✖

"많이 속상했겠다. 친구가 그런 말을 한 이유가 있을 거야.
천천히 생각해볼까?" ◎

아이 친구의 말에 지나치게 민감하지 않아도 됩니다. 그 친구는 혼나서 기분
이 나빴을 수도 있으니까요. 아이의 마음을 알아주고, 친구 마음을 생각해보
는 과정이 좋은 치유가 됩니다. 다음 날 친구와 편히 지낼 수 있을 겁니다.

20
OCTOBER
엄·마·를·위·한·말

아이의 성적이 오르지 않아
마음이 조급해질 때

"우리 아이는 왜 이렇게 공부가 안되지? 뭘 더 시켜야 하나?" ❌

"아이가 싫어하는 걸 억지로 시키니 더 나빠지는 것 같아.
아이에게 맞는 방법이 없을까?" ◎

어려운 과목에 집중하다 보면 흥미와 동기가 사라지지요. 좋아하는 과목부터
잘하도록 도와주세요. 좋아하는 과목은 숙제가 좀 많아도, 어려워도 잘해낼
수 있어요. 자신감이 생기면 다른 과목에 대한 태도까지 달라집니다.

11

MARCH

긍 · 정 · 의 · 말

보드게임에서 지고
울며불며 화낼 때

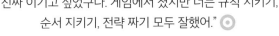

"재미있게 놀았으면 됐잖아. 다시는 너랑 게임 안 할 거야." ❌

"진짜 이기고 싶었구나. 게임에서 졌지만 너는 규칙 지키기,
순서 지키기, 전략 짜기 모두 잘했어." ◎

먼저 아이의 기질을 인정해주고, 아이가 잘한 일을 찾아 말해주세요. 지는 순
간에도 자신이 잘한 것이 있다는 긍정적인 생각이 위로가 되고, 지는 과정을
통해 배우는 아이로 성장할 수 있습니다.

19

OCTOBER

강 · 점 · 의 · 말

동영상을 정해진 것보다 더 많이
보여달라고 떼를 쓸 때

"두 개만 보기로 했잖아. 엄마 핸드폰 이리 줘. 어서!" ❌

"핸드폰은 치울게. 넌 충분히 조절할 수 있어.
심호흡 세 번 하자. 하나, 둘, 셋, 너무 잘했어." ◎

마음을 진정시키는 데는 심호흡이 효과적입니다. 아이와 마주 앉아 두 손을
잡고 천천히 함께 호흡해보세요. 서서히 마음을 조절하는 아이를 충분히 칭찬
해주고, 약속을 꼭 지켜야 하는 이유를 차분히 말해주세요.

12
MARCH
사·고·의·말

심심하다며 엄마에게 매달릴 때

"저리 좀 가서 혼자 놀아." ❌

"좀 더 새로운 방법으로 놀아볼까?
종이 한 장으로 놀 수 있는 방법은 몇 가지일까?" ◎

종이 한 장으로도 재미있게 놀 수 있다는 걸 가르쳐주세요. 그림 그려 퍼즐 만들기, 서로 보지 않고 동물 그림 반쪽씩 그려 합체하기 등 한두 가지만 알려줘도 스스로 노는 방법을 찾을 수 있습니다.

18

OCTOBER

사 · 고 · 의 · 말

유튜브 보면서 밥 먹겠다고 할 때

"안 된다고 했잖아. 자꾸 그럼 아예 못 보게 한다." ✖

"전에 한 번 허락했더니 계속하고 싶구나.
미안해. 그러면 안 되는 거였어. 다시 약속을 잘 지켜보자." ◎

요구를 한 번이라도 들어준 적이 있다면 아이는 계속 요구합니다. 이럴 땐 그 요구를 허용한 엄마가 먼저 사과해주세요. 다시 새롭게 시작하는 마음으로 아이도 생각하고 조절하는 힘을 키울 수 있습니다.

13
MARCH
강 · 점 · 의 · 말

약속했음에도 불구하고
마트에서 마구 뛰어다닐 때

"뛰어다니지 않기로 약속했잖아. 왜 약속 안 지켜?" ❌

"궁금한 게 많지? 하지만 네가 뛰어다니면 장보기를 멈추고
집으로 돌아가야 해. 어떻게 할까?" 🎯

강점이 단점이 되지 않도록 도와주세요. 잔소리하며 계속 마트에 머물러 있으
면 허용의 의미가 되어버립니다. 정확히 알려주고 고쳐지지 않는다면 집으로
돌아오세요. 아이는 강점을 키우면서 규칙도 배웁니다.

17

OCTOBER

긍 · 정 · 의 · 말

성적이 내려갔을 때

"공부 안 하고 놀았으니 당연하지. 이제 어쩔래?"

"속상하겠구나. 네가 열심히 노력한 거 알아.
좀 더 효율적으로 하는 방법을 찾아보자." ◎

성적이 내려가면 가장 기분 나쁜 사람은 바로 아이 자신이죠. 엄마 눈에는 부족하게만 보여도 노력한 점을 먼저 지지해주세요. 그래야 다음에 좀 더 열심히 할 의지를 키울 수 있습니다.

14

MARCH

엄·마·를·위·한·말

담임 선생님과의
상담이 걱정될 때

"우리 아이가 장난이 심한데 죄송해서 어떡하지?" ❌

"선생님은 우리 아이의 장점을 모르실 수 있어.
잘 알려드리는 게 좋겠어." ◎

학부모 상담은 죄송함을 전하기만 하는 시간이 아닙니다. 선생님께 아이의 장점을 먼저 알려주세요. 그래야 선생님도 아이를 긍정적 시각으로 볼 수 있습니다. 그다음 집에서 도와주어야 할 점을 질문하세요.

16

OCTOBER

치 · 유 · 의 · 말

숙제를 안 했는데 했다고
거짓말할 때

"너 왜 거짓말해? 나중에 뭐가 되려고 그러니!" ❌

"엄마한테 솔직하게 말하지 못한 이유가 있을 것 같아.
그게 뭔지 말해줄래?" ◎

숙제를 안 한 것과 거짓말한 것. 어느 쪽이 더 화가 나나요? 아이가 거짓말할 수밖에 없었던 이유는 뭘까요? 아이 마음을 엄마가 알아줘야 점점 불안한 마음이 진정되고, 솔직히 말할 수 있습니다.

15

MARCH

공 · 감 · 의 · 말

집에 들어오자마자
가방을 팽개치며 짜증 낼 때

"왜 그래? 무슨 일 있었어? 말을 해야 알지." ❌

"뭔가 힘들었구나. 엄마가 안아줄게. 아무 말 안 해도 괜찮아.
엄만 무조건 네 편이야." ⭕

집에 들어오면서 화를 내는 건 '엄마, 내 마음을 알아주세요.'라는 신호입니다.
바로 그 마음을 알아주세요. 아이가 진정되고 나서 화를 낸 이유를 질문한다
면 아이도 찬찬히 말할 수 있습니다.

15

OCTOBER

공 · 감 · 의 · 말

"왜 난 마음대로 하면 안 돼?"라며
원망할 때

"네가 잘하면 안 그러지. 네가 할 일을 제대로 안 했잖아." ✖

"엄마 마음대로 하는 것 같아 속상했구나.
우리 다시 의논해서 결정해보자."

아이 키우는 일은 엄마가 주도하는 게 많습니다. 아이가 항의한다면 그 마음
에 공감하고 다시 의논하는 과정이 꼭 필요해요. 민주적인 의사 결정의 경험
을 제공해주세요. 그래야 엄마 의견도 성숙하게 받아들일 수 있어요.

16

MARCH

치 · 유 · 의 · 말

엄마랑 떨어져 잘 나이가 됐는데
무섭다며 거부할 때

"이제 다 컸으니 혼자 자야지. 네 침대도 새로 샀잖아." ❌

"엄마랑 몇 밤을 더 자면 혼자 잘 수 있을까?
혼자 자는 데 필요한 건 뭐니?" ◎

아이가 혼자 자기를 거부하는 건 분리불안, 변화에 대한 저항, 동생을 향한 질
투 등 여러 가지 원인이 있습니다. 억지로 강요하면 오히려 불안감만 높아지
죠. 진짜 마음을 알아야 아이도 서서히 독립할 수 있습니다.

14
OCTOBER

엄·마·를·위·한·말

아이 때문에
자주 화가 나서 힘들 때

"애가 왜 이렇게 나를 화나게 만들지?" ❌

"내가 적절하게 화내는 게 맞을까?
아이의 잘못보다 더 많이 화내는 건 아닐까?" ◎

아이의 잘못은 3 정도밖에 되지 않는데 엄마의 화가 8~9만큼 터지는 건 아닐까요? 아마도 감정이 쌓여 그렇겠죠. 아이가 실수를 통해 잘 배우고 있다고 생각해보세요. 적절한 정도의 화를 세련되게 표현할 수 있을 거예요.

17

MARCH

긍 · 정 · 의 · 말

한참을 놀아주어도
계속 엄마한테만 매달릴 때

"이제 많이 놀았잖아. 혼자서 좀 놀아." ❌

"같이 노는 놀이가 있고, 혼자 노는 놀이도 있어.
이제 혼자 할 수 있는 재미있는 놀이를 가르쳐줄게." ◎

혼자 놀 줄 아는 건 매우 중요합니다. 충분히 생각하고 탐구하는 시간이 되니까요. 그림, 퍼즐, 수수께끼, 스도쿠, 미로찾기, 만다라 그림 등 혼자 노는 법을 알려주세요. 그래야 혼자서도, 함께도 잘 노는 아이로 자랄 수 있습니다.

13

OCTOBER

강 · 점 · 의 · 말

한글을 다 뗐는데도
혼자 책을 못 읽겠다고 할 때

"이제 글자 다 알잖아. 혼자 좀 읽어. ❌

"아직 듣기가 더 좋구나. 혼자 읽고 싶을 때까지 엄마가 읽어줄게.
엄마가 힘들 땐 녹음한 거 듣자." ◎

글자를 이해하기까지는 시간이 필요합니다. 혼자 읽기를 강요하면 책 읽기에
흥미를 잃을 수 있어요. 아이가 스스로 읽기를 원할 때까지 읽어주세요. 힘들
때는 엄마가 평소 녹음해두었던 음성 파일을 들려주는 방법도 좋습니다.

18
MARCH
사 · 고 · 의 · 말

덜렁거리며
준비물을 잘 못 챙길 때

"왜 이렇게 덜렁거려? 준비물은 왜 자꾸 빼먹어?" ✖

"오늘은 꼼꼼하게 준비를 해볼까? 필요한 걸 말로 하고
숫자로 기억해보자. 내일은 몇 가지가 필요하지?" ◎

준비물 챙기기는 어려서부터 연습하고 훈련해야 합니다. 혼내봤자 달라지지
않지요. 준비물을 말로 표현하고, 번호를 매기고, 숫자로 기억해보세요. 의외
로 꼼꼼하게 잘 챙길 수 있고, 이는 기억력을 높이는 훈련이기도 합니다.

12

OCTOBER
사 · 고 · 의 · 말

시험 성적이 나빠 축 처져 있을 때

"맨날 노니까 성적이 그러지. 열심히 좀 하지 그랬어." ✗

"많이 속상하지? 엄마도 그래.
일단 쉬고 나서 어떻게 하면 좋을지 의논해보자." ◎

성적이 나쁘면 아이가 제일 속상합니다. 속상한 마음을 읽어주고 엄마도 속상
하다는 것을 말해주세요. 그렇게 소통이 되면 감정을 내려놓고 앞으로 어떻게
할지 진지하게 의논할 수 있습니다.

19

MARCH

강 · 점 · 의 · 말

너무 활동적이라
퍼즐 놀이에 집중하지 못할 때

"왜 이렇게 집중을 못 하니? 가만히 앉아서 완성해봐." ❌

"이번엔 1/4만큼만 맞춰보자. 네게 맞는 방법을 찾을 수 있어." ◎

활동적인 기질은 매우 큰 강점입니다. 하지만 집중력도 키워야죠. 100조각 퍼즐에 도전해보세요. 한 번에 완성하지 못하면 1/4씩 맞추면 됩니다. 며칠에 걸쳐 완성하면 아이는 큰 성취감을 느낍니다.

11

OCTOBER

긍 · 정 · 의 · 말

틀려도 괜찮다는 말이
소용없을 때

"틀려도 괜찮아. 다음에 잘하면 되잖아." ❌

"속상하구나. 틀리는 건 참 좋은 일이야.
그래야 제대로 배울 수 있거든. 틀린 걸 축하해볼까?" 🎯

잘했을 때 지나치게 칭찬하고 기뻐하면 아이는 틀리기를 두려워하게 됩니다.
잘한 결과보다 그 과정의 노력을 칭찬해주고, 틀린 횟수만큼 뽀뽀해주거나 축
하해주세요. 그래야 틀린 것을 다시 공부하며 성장할 수 있습니다.

20
MARCH
엄·마·를·위·한·말

반성하고 다짐하지만
비슷한 상황이 반복될 때

"난 왜 맨날 후회하면서 또 아이를 혼내기만 할까?" ✖

"비슷한 상황이 반복되는 이유가 있을 거야.
혹시 내가 너무 높은 기준을 가진 건 아닐까?" ◎

실수해도 자책하지 마세요. 아이에 대한 기준이 높아서 그럴 겁니다. 또한 엄마 자신에 대한 기준도 높을 거예요. 매번 잘하긴 어려워요. 정말 중요한 순간, 엄마의 전문용어가 필요하다 생각될 때, 그때 잘 대화하면 됩니다.

10
OCTOBER
치 · 유 · 의 · 말

자신을 임신했을 때
어땠는지 물을 때

"엄마가 얼마나 아프고 고생한 줄 알아?" ❌

"엄마 배 속에 네가 있다는 사실이
얼마나 신기하고 감사했는지 모를 거야." ◎

마음의 건강은 자신이 사랑받는 사람이라는 자각에서 시작되지요. 아이를 가졌을 때 행복했던 마음을 이야기해주세요. 자신의 존재가 엄마에게 기쁨이고 행복임을 확인시켜주면 아이는 아주 건강한 마음을 키워갈 수 있습니다.

21

MARCH

공 · 감 · 의 · 말

날이 따뜻해졌는데도 집에서
스마트폰에만 매달려 있을 때

"넌 왜 스마트폰만 보려 하니? 좀 그만해." ❌

"오늘은 낮과 밤의 길이가 같은 춘분이야.
함께 해가 지는 걸 구경하고, 시간도 재볼까?" ◎

이즈음은 춘분입니다. 도시 생활로 절기나 계절감을 느끼기 어려운 요즘 아이들은 더 미디어에만 빠지죠. 춘분을 기념해 해가 넘어가는 순간의 시각을 확인하고 정말 낮과 밤의 시간이 같은지도 알아보세요.

9
OCTOBER
공 · 감 · 의 · 말

한글 어순이 틀려 지적하면
짜증 내며 연필을 던질 때

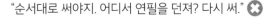

"순서대로 써야지. 어디서 연필을 던져? 다시 써." ✕

"힘들었구나. '5분의 마법'을 써야겠네.
딱 5분만 좋아하는 글자 5개를 순서대로 써볼까?" ◎

한글날의 의미를 알려주세요. 글자가 없는 나라에 UN이 제공하는 문자가 바로 한글이지요. 그만큼 쉽고 과학적인 글자라는 사실을 알려주세요. 좋아하는 글자를 천천히 쓰다 보면 정확히 잘 쓰는 아이로 자라게 될 것입니다.

22
MARCH
치·유·의·말

조금 어렵거나 지면
속상해하고 포기하려 할 때

"진다고 안 하면 어떡해. 지더라도 계속 노력해서 극복해야지." ❌

"어려웠구나. 져서 많이 속상하지?
천천히 생각하면 다음엔 더 잘할 수 있을 거야." ◎

져서 속상한 아이에게 노력하라는 말은 참 힘이 듭니다. 먼저 충분히 위로해 주세요. 다만, 지난 과정을 돌아보며 다음엔 어떻게 할지 생각할 때 진정한 치유가 됩니다. 그래야 아이는 다시 도전할 용기를 얻습니다.

8

OCTOBER

엄·마·를·위·한·말

잘 듣는 습관을
키워주고 싶을 때

"우리 아이는 왜 이렇게 말을 제대로 듣지 않지?" ❌

"잘 듣는 습관을 키워주려면 어떻게 해야 할까?
괴테 어머니를 흉내 내볼까?" ◎

괴테 어머니를 따라 해보세요. 책을 읽어주다 결말 직전에 멈추고 "내일 계속 읽어줄게. 뒷이야기는 네가 완성해봐."라고 말하는 것입니다. 괴테는 뒷이야 기를 상상한 시간 덕분에 자신이 문학가로 성장했다고 말합니다.

23
MARCH
긍 · 정 · 의 · 말

아무리 말해도
장난감 정리를 하지 않을 때

"도대체 몇 번을 말해야 치울래? 왜 이렇게 말을 안 듣니?" ❌

"장난감들이 자기 집에 돌아가고 싶어서 울고 있네.
장난감들을 집으로 돌려보내줄까?" ◎

현실의 말이 잘 먹히지 않을 때는 장난감을 의인화해 말해주세요. 열 살 정도까지 아이들은 놀이처럼 말해주면 뭐든 신나게 하고 싶은 마음이 들어요. 그렇게 정리하고 다시 노는 과정이 익숙해지면 습관이 될 수 있습니다.

7
OCTOBER
강 · 점 · 의 · 말

동생이 약속을 어겨 짜증 낼 때

"언니가 돼서 그 정도도 못 참니?" ❌

"언니로서 동생이 올바르게 자라길 바라는구나.
기특해. 어떻게 하면 동생이 약속을 잘 지킬 수 있을까?" ◎

동생과의 약속을 중요하게 생각하는 아이의 강점을 칭찬해주세요. 동생이 잘
크길 바라는 마음 때문에 속상해진 것일 수도 있어요. 그러고 난 다음 동생이
약속을 어기지 않는 방법을 함께 의논하자고 제안해보세요.

24
MARCH
사 · 고 · 의 · 말

약속을 지키지 못하고
자주 어길 때

"너 왜 또 약속 안 지켜? 약속은 지켜야지." ❌

"약속을 지키지 못한 이유가 있니?
약속 내용을 어떻게 바꾸면 잘 지킬 수 있을까?" ◎

엄마가 주도해서 정한 약속은 아이가 지키지 못하는 경우가 많습니다. 약속은
아이가 지킬 수 있는 내용이어야 하죠. 아이와 함께 결정하고, 일주일 뒤에 다
시 의논해보세요. 약속을 잘 지키는 아이로 변화할 수 있습니다.

6
OCTOBER
사 · 고 · 의 · 말

책은 대충 읽고
칭찬 스티커만 붙이려 할 때

"책을 제대로 읽어야지. 스티커만 붙이면 어떡하니?" ✖

"스티커를 많이 붙이고 싶었구나.
그런데 정말 스티커를 붙일 만큼 재미있게 읽었어?" 🎯

스티커 칭찬 방식은 의외로 부작용이 있습니다. 재미를 느끼기도 전에 보상과 선물에만 관심을 가지니까요. 부작용이 생겼다면 하루 한 권만이라도 재미있게 읽고 자신의 생각을 이야기하면서 책의 재미에 빠져들게 도와주세요.

25
MARCH
강 · 점 · 의 · 말

블록을 맞추다
잘 안 된다고 화낼 때

"왜 짜증을 내니? 그럴 거면 하지 마." ✖

"심호흡 세 번 하고 천천히 다시 해보면 신기한 일이 벌어질 거야." ◎

실패나 실수를 한 상황에서 유난히 화를 낸다면 성취 욕구가 매우 강한 아이입니다. 조절 방법만 알면 훌륭한 강점이지요. 심호흡의 과정을 루틴으로 만들어주세요. 아이가 혼자서도 마음을 잘 조절할 수 있습니다.

5
OCTOBER
긍 · 정 · 의 · 말

금방 끝낼 숙제를 1시간 넘게
붙들고 있을 때

"쉬운 걸 왜 이렇게 오래 끌어. 빨리 집중해서 끝내." ❌

"숙제가 쉬우면 뚝딱 해버릴 텐데, 그치?
쉽게 하는 방법이 뭘까? 엄마가 어떻게 도와줄까?" ◎

숙제를 계속 붙잡고 있는 건 끝까지 하겠다는 긍정적 의지입니다. 쉬우면 쉽게 할 수 있다는 의미이지요. 엄마의 도움, 숙제 끝나고 하고 싶은 일을 물어보면 의외로 숙제에 대한 부담이 줄어들어 쉽게 해낼 수 있습니다.

26

MARCH

엄·마·를·위·한·말

엄마로서 잘하는 게
하나도 없다는 생각이 들 때

"난 엄마 자격이 없나 봐. 엄마를 잘못 만나 애가 고생이네." ❌

"오늘따라 왜 이렇게 부정적인 생각이 들지?
내 마음을 달래줘야겠어." ◎

이상하게 깊은 우울이 찾아오는 날이면 아이에게 더 미안한 마음이 들지요.
이럴 땐 내가 나를 위로해주세요. "난 잘하고 있어. 힘들어도 챙길 건 다 챙겨
주었잖아." 이런 말들이 오늘의 나를 잘 돌봐줄 거예요.

4

OCTOBER

치 · 유 · 의 · 말

숙제를 안 하고도 느긋하며
상관없다고 말할 때

"숙제를 안 하고 어떻게 괜찮을 수가 있어? 빨리 안 해?" ✖

"숙제보다 다른 게 하고 싶구나.
어떤 방법으로 두 가지 다 할 수 있을지 의논해보자." ◎

다른 게 하고 싶을 때, 귀찮고 어려울 때 아이들은 상관없다는 태도를 보이기도 해요. 먼저 아이의 혼란스런 마음을 읽어주어야 숙제와 원하는 것 모두를 다 할 수 있는 방법을 찾기 시작합니다.

27

MARCH

사 · 랑 · 의 · 말

엄마를 도와주겠다며
설거지하려 할 때

"됐어. 가서 장난감이나 치워. 괜히 더 엉망으로 만들지 말고." ❌

"벌써 다 커서 엄마 설거지 도와주려고 하네.
컵이랑 수저를 네게 맡길게. 고마워, 사랑해." ◎

예쁜 마음이지만, 아직 미숙해 오히려 엄마가 번거로워지지요. 아이가 할 수 있는 영역을 명확히 알려주세요. 반복된 경험으로 잘하게 되면 조금씩 확장시켜주세요. 엄마를 도와준다는 뿌듯함에 자신의 일도 더 잘합니다.

3
OCTOBER
공 · 감 · 의 · 말

개천절의 의미를
가르쳐주고 싶을 때

"개천절이 뭔지 알아? 그것도 몰랐어?" ❌

"단군 할아버지가 고조선을 세운 날을 기념한 날이 개천절이야." ◎

'아름다운 이 땅에 금수강산에 단군 할아버지가 터 잡으시고 홍익인간 뜻으로 나라 세우니…' 바로 그날이 개천절입니다. '한국을 빛낸 100명의 위인들' 노래를 신나게 부르며 민족에 대한 자긍심을 키워주세요.

28
MARCH
사 · 랑 · 의 · 말

나무에 올라가다
미끄러져 다쳤을 때

"그것 봐. 위험하니까 하지 말라고 했잖아." ❌

"엄만 네가 도전하는 모습이 너무 좋아.
약간 조심하기만 하면 더 멋있을 것 같아." ◎

모험과 도전은 자라는 아이에게 꼭 필요한 활동입니다. 엄마가 사랑의 눈으로
자신을 바라본다는 사실을 알려주면 더 신중하게 도전하는 아이로 자라지요.
아이는 더 넓은 세상으로 나아갈 용기를 키울 수 있습니다.

2

OCTOBER

엄·마·를·위·한·말

아이 말에 집중이 되지 않을 때

"난 왜 자꾸 아이가 하는 말을 흘려듣지?" ❌

"집중 안 되는 이유가 뭘까? 무조건 내가 옳다고 생각하나?
진정하고 귀 기울여 들어야겠어." ◎

아이 말에 집중이 안 되는 이유를 생각해보세요. 피곤한 건 아닌가요? 걱정이
너무 큰 건 아닌가요? 오늘 제대로 듣지 못했다면 내일 다시 물어봐주세요.
아이가 반기며 조잘조잘 말할 거예요.

29

MARCH

사 · 랑 · 의 · 말

유치원(학교)에서 돌아오는
아이를 맞이할 때

"어서 와. 수업 잘 들었지? 선생님 말씀 잘 들었어?" ✕

"어서 와. 보고 싶었어. 엄마는 간식도 만들고,
청소도 하고, 책도 읽었어. 엄만 뭐가 제일 재미있었냐면…" ◎

엄마의 이야기를 먼저 들려주세요. 아이를 위해 어떤 간식을 만들었는지, 책에서 재미있고 감동적인 부분은 어디였는지 자세히 말해주세요. 그런 엄마의 모습에서 아이는 더 깊은 사랑을 느끼고, 엄마를 닮고 싶어진답니다.

OCTOBER

감 · 사 · 의 · 말

국군장병께 감사하는
마음을 키워주고 싶을 때

"군인 아저씨들께 감사해야지. 얼마나 힘들겠니." ✕

"군인 아저씨가 지켜주셔서 우리가 안심하고 지낼 수 있어.
정말 감사하지. 아빠도 옛날에 군인이었어." ◎

국군장병들께 감사하는 마음이 중요해요. 아빠가 군인일 때 어떤 마음으로 나라를 지켰는지 이야기 나누어보세요. 지금 누리는 모든 것에 누군가의 희생이 있음을 알고, 감사하는 마음을 키워주세요.

30
MARCH
사 · 랑 · 의 · 말

3월 한 달, 잘 적응하고 있는
아이에게 사랑을 전하고 싶을 때

"그래, 잘하고 있어. 앞으로도 잘할 수 있지?" ❌

"힘들 땐 힘들다고, 좋을 땐 좋다고 하면서 새 학년에 잘 적응하고 있네.
정말 기특해. 사랑해." ◎

새 학년에 잘 적응하는 모습을 사랑으로 지지해주고, 힘든 일, 좋은 일을 솔직
하게 말하고 소통하는 것이 잘하는 것임을 인식하도록 도와주세요. 그래야 아
이도 자신 있고 활기차게 생활할 수 있습니다.

10

OCTOBER

31

MARCH

감 · 사 · 의 · 말

아이를 보며 엄마가 힘을 얻는다는
사실을 알려주고 싶을 때

"네가 잘해야 엄마가 힘이 나지." ❌

"엄마는 네가 미소 지을 때, 오물오물 밥 먹을 때, 뛰어다닐 때,
너의 모든 모습에서 힘이 난단다." ◎

아이가 엄마에겐 힘이 되지요. 시원한 바람에 머리카락이 흩날릴 때, 기분 좋아 노래를 흥얼거릴 때, 뭔가에 집중하고 있을 때, 그 모든 모습에 고마움을 전해주세요. 엄마의 딸, 아들로 태어나줘서 고맙다고 이야기해주세요.

30
SEPTEMBER
감 · 사 · 의 · 말

친척 모임에서 보여준
행동을 고치고 싶을 때

"할아버지가 말씀하시는데 스마트폰을 보고 있으면 어떡해?" ❌

"어른들 앞에서 행동 잘하려 정말 애썼어. 많이 힘들었지?" ⭕

명절은 마치 엄마가 아이를 얼마나 잘 키웠나 확인받는 날 같습니다. 그래서 작은 실수에도 잔소리하게 되지요. 아이가 애쓰고 노력한 점을 말해주세요. 그래야 아이도 명절을 행복한 날로 기억합니다.

4

APRIL

29
SEPTEMBER
사 · 랑 · 의 · 말

추석 모임에서 예의 없이
행동할까 걱정될 때

"어른들 만나면 예의 바르게 행동해야 해." ❌

"지난번 모임에서 우리 ○○이가 동생들하고 잘 놀았다고
다들 칭찬하셨어." ◎

가족 모임 전, 아이가 예의 없이 행동할까 걱정돼 당부하고 또 당부하지요. 그런데 걱정의 말은 도움 되지 않습니다. 지난번에 잘한 점을 먼저 찾아 칭찬해주세요. 주변 어른들의 말을 빌려 간접 칭찬해주면 행동을 잘하게 됩니다.

1
APRIL
감·사·의·말

아이가 꽃 그림을
그려 가져왔을 때

"꽃을 그렸어? 잘 그렸네. 그런데 색칠을 꼼꼼하게 해야지." ❌

"엄마 주려고 그린 거야?
정말 예쁘구나. 사진 찍어서 평생 간직할게. 고마워!"

엄마를 사랑하는 아이는 예쁜 꽃을 그려 선물합니다. 아마도 서툰 그림이겠지요. 그럴 때 충고와 지적은 아이를 슬프게 해요. 아이의 선물을 감사히 생각한다는 걸 알려주세요. 엄마도 아이에게 그림 선물을 주면 더 좋을 거예요.

28
SEPTEMBER
사 · 랑 · 의 · 말

스스로를 존중하기를 바랄 때

〉〉〉〉〉〉〉

"너는 왜 스스로 부족하다고 생각하니?" ❌

"넌 모르는구나. 네가 얼마나 가치 있고 중요한 사람인지를 말이야." ◎

엄마의 다정한 말이 아이의 자존감을 높여줍니다. "넌 네가 못하는 게 많다고
생각하지? 아니야. 이미 잘하는 게 얼마나 많은데. 웃기, 장난치기, 놀기, 달리
기. 그 모두가 얼마나 가치 있고 중요한 건데." 오늘은 이렇게 말해주세요.

2
APRIL
엄·마·를·위·한·말

챙겨야 할 게 너무 많아 힘들 때

"왜 이렇게 할 일이 많은 거야. 힘들어 죽겠네." ✕

"꼭 해야 할 일과 안 해도 되는 일을 구분해야겠어.
무리하는 건 좋지 않아." ◎

엄마의 하루는 짧죠. 신경 쓸 일도 많고, 챙겨야 할 일도 너무 많아 자신을 돌볼 시간도 없어요. 이럴 땐 꼭 해야 할 일과 하지 않아도 되는 일을 구분해보세요. 당연히 해야 한다는 생각이 나를 힘들게 할 때가 많으니까요.

27

SEPTEMBER
사 · 랑 · 의 · 말

종일 아이를 생각하고 있음을
알려주고 싶을 때

"엄마는 종일 네 생각만 해. 딴생각할 틈도 없이." ❌

"엄마는 우리 ○○이 저녁엔 뭐 해줄지,
무슨 말을 해주면 좋을지 고민하고 있어." ◎

사랑의 말은 구체적이어야 합니다. 종일 네 생각을 하고 있다는 말이 좋은 말
이긴 하지만, 아이가 피부로 느끼기는 쉽지 않아요. 일과를 예시로 구체적으
로 말해주면 아이는 온몸으로 엄마의 사랑을 느낀답니다.

3
APRIL
공 · 감 · 의 · 말

아이가 줄넘기 연습을
열심히 해도 잘 못할 때

"똑바로 좀 해봐. 몇 번 하지도 않고 힘들다 그러니?" ❌

"마음대로 안 돼서 속상하지? 이럴 땐 가능한 목표를 세우는 게 좋아.
오늘은 몇 번 성공할 수 있을까?"

진정한 공감은 감정에 머무는 것이 아닙니다. 잘하고 싶은 마음까지도 충분히
공감해주고 아이가 '실천 가능한 합리적 목표'를 세울 수 있도록 도와주세요.
목표를 이루기 위해 많은 중간 과정이 있음을 깨닫도록 해주세요.

26

SEPTEMBER

엄·마·를·위·한·말

정말 혼자 있고 싶을 때

"혼자만의 시간을 어떻게 가져. 나를 찾아대는데." ❌

"정말 혼자만의 시간이 필요할 때가 되었구나.
실천 가능한 계획을 세워볼까?" ◎

엄마도 혼자 있고 싶을 때가 있어요. 나를 위한 계획을 세워보세요. 내가 없으면 안 될 것 같다고 포기하다간 우울에 빠질 수 있어요. 주변에 도움을 청하세요. 나를 챙기는 것이 아이와 가족 모두를 챙기는 일임을 잊지 마세요.

4

APRIL

치 · 유 · 의 · 말

일회용 밴드를 계속 붙이려 할 때

"아프지도 않은데 왜 붙여. 아깝잖아. 그만 붙여." ❌

"아주 특별한 사랑의 투명밴드를 붙여줄게.
그런데 밴드 안 붙여도 엄마가 널 사랑하는 거 알지?" ◎

아이가 다치면 엄마는 밴드를 붙이고 "호~" 해주며 아이를 돌봅니다. 밴드는
엄마 사랑의 상징이죠. 아프지도 않은 아이가 자꾸 밴드를 붙이려는 건 사랑
을 받고 싶다는 의미입니다. 사랑의 투명밴드를 붙여주며 마음을 전해주세요.

25

SEPTEMBER

강 · 점 · 의 · 말

친구에 대한 관심도를
높여주고 싶을 때

"친구는 어디 살아? 학원은 어디 다닌다니?" ✖

"넌 친구를 유심히 잘 보는 것 같아.
어떤 친구가 발표를 열심히 해? 오늘 친구들은 뭐 입었어?" ◎

아이 친구의 호구 조사를 하는 건 도움이 되지 않습니다. 아이의 시선에서 친구에 대한 관심을 높일 수 있는 질문이 중요해요. 친구의 특성이나 행동을 관찰할 수 있는 질문이 친구에 관심을 갖는 강점을 키워줍니다.

5
APRIL
긍 · 정 · 의 · 말

나무와 자연의 의미를
가르치고 싶을 때

"식목일이 뭐 하는 날인 줄 아니? 나무 심는 날이야." ❌

"저 나무는 몇 살일까? 그동안 어떤 과정으로 자라왔을까?" ◎

식목일입니다. 한 그루의 나무가 자라는 데 얼마만큼의 시간이 필요한지, 어떻게 나무가 숲이 되고, 숲이 자연과 사람을 지켜주는지 이야기도 나누어보세요. 자연을 아는 만큼 사랑하고 아낄 수 있으니까요.

24
SEPTEMBER
사 · 고 · 의 · 말

토론 수업에서 말을 못 할 때

>>>>>>>

"그냥 네 생각을 말로 하면 되잖아. 왜 버벅거리고 있어?" ❌

"아직 제대로 안 해봐서 그런 거야.
이 물건의 장단점을 떠오르는 대로 이야기해볼래?" ◎

반박의 두려움으로 말하기 어려울 수 있어요. 쉬운 소재로 자유롭게 표현하는 연습을 함께하세요. "좋은 생각이야. 한 가지 궁금한 게 있어." 하며 생각이 커가도록 도와준다면 서서히 자신 있게 토론하는 모습으로 성장할 겁니다.

6

APRIL

사 · 고 · 의 · 말

동생을 밀치지 말라고
말해도 반복될 때

"왜 이렇게 말을 안 들어? 동생 밀치지 말라고." ❌

"생각해보자. 화가 나면 동생을 밀쳐도 된다는 생각을
1부터 10까지 중 얼마만큼 가지고 있니?" ◎

밀치거나 때리는 행동이 계속 반복되는 이유는 상대가 잘못하면 그렇게 해도
된다는 생각을 갖고 있기 때문입니다. 척도 질문으로 아이의 마음을 알아보세
요. 왜 그렇게 생각하는지 대화를 이어가는 것이 좋습니다.

23

SEPTEMBER

긍 · 정 · 의 · 말

책을 읽지 않으려 할 때

"왜 이렇게 책을 안 읽어? 원래 가을은 독서의 계절이야." ❌

"엄마가 재미있는 책 소개해줄게.
가을에 책을 읽으면 더 좋은 것 같아." ◎

이즈음은 추분입니다. 밤과 낮의 길이가 같은 날이며 다음 날부터는 밤이 더 길어지지요. 가을바람이 선선한 저녁이면 책 읽기 좋아요. 예쁜 스탠드 불빛을 켜놓고 아이와 재미있는 책 세상으로 빠져보세요.

7
APRIL
강 · 점 · 의 · 말

두발자전거 타기를 무서워할 때

"그냥 타. 원래 넘어지면서 배우는 거야." ✖

"넌 조심성이 많으니까 잘 배울 수 있어.
엄마가 잡고 있을게. 천천히 페달을 돌려볼까?" ◎

자전거 타기에서 조심성은 무척 좋은 강점입니다. 위험한 행동을 하지 않는
안전한 운전자가 될 테니까요. 다만 섬세하게 도와줘야 합니다. 넘어지면서
배우라는 말보다 안전하게 잘 배울 수 있다는 말이 필요합니다.

22
SEPTEMBER
치 · 유 · 의 · 말

너무 소극적이라 걱정될 때

+|||||||+

"망쳐도 괜찮으니 크게 좀 그려봐." ❌

"작은 그림인데 잘 그렸네. 엄만 이 부분이 마음에 들어.
좀 더 확대해서 그려줄 수 있어?" ◎

그림을 정성껏 그렸는데 크게 그리라 말하면 더 주눅 들지요. 먼저 잘한 부분
을 찾아주세요. 있는 그대로의 모습을 지지해야 아이도 한 걸음씩 성장합니
다. 자신의 그림을 좋아하는 엄마를 보며 더 크게 그리고 싶어집니다.

8
APRIL
엄·마·를·위·한·말

느린 아이에게 모진 소리를 하고
마음이 아플 때

"왜 저렇게 느려 터져서 날 이상한 엄마로 만드는 거야?" ❌

"우리 아이만의 속도가 있어. 1년 전보다 훨씬 잘하고 있잖아.
조급해하지 말고 칭찬해줘야지." ◎

느린 아이는 엄마를 더 조급하게 만들기도 합니다. 하지만 다그치면 주눅이
들지요. 아이는 자신만의 속도가 있어요. 지난날과 비교해보세요. 아마 무척
잘 자라고 있다는 사실을 발견하게 될 거예요.

21
SEPTEMBER
공 · 감 · 의 · 말

선생님께 야단맞고
울먹일 때

"뭘 잘못했길래 너만 혼났어? 다른 애들은?" ❌

"많이 속상했지. 이리 와, 엄마가 안아줄게.
선생님이 혼내신 이유가 뭘까?" ⭕

아이는 선생님이 조금만 목소리를 높여도, 무표정으로 쳐다봐도 혼났다고 생각할 수 있어요. 먼저 충분히 공감해준 다음, 선생님 입장에서 생각해볼 수 있도록 질문해주세요. 걱정된다면 선생님께 직접 확인하는 게 더 좋아요.

9
APRIL
공 · 감 · 의 · 말

어른들 대화에 자꾸 끼어들 때

"엄마, 아빠가 이야기할 땐 끼어들지 마." ✖

"너도 함께하고 싶구나. 엄마, 아빠가 10분 이야기하고 널 부를게.
그동안 뭘 하며 기다릴까?" ◎

엄마, 아빠와 함께 놀 때와 기다려야 할 때를 구분할 줄 알고, 기다리는 능력
도 키워주어야 합니다. 모래시계나 타이머로 시간을 설정하고 그동안 뭘 하고
기다릴지 질문해주세요. 충분히 잘 기다리는 능력을 기를 수 있습니다.

20
SEPTEMBER
엄·마·를·위·한·말

나도 모르게 자꾸
조건을 걸게 될 때

—————

"조건이라도 걸어야 아이가 하니까 어쩔 수 없어." ❌

"이러다 결국 조건만 더 많이 요구할 거야.
힘들어도 한계를 잘 설정해야겠어." ◎

"100점 받으면 사 줄게."와 같이 조건을 거는 대화는 자발적 동기를 없애고,
더 큰 보상에 집착하게 합니다. "숙제 다 하면 무척 뿌듯할 거야." "너의 노력
이 너무 소중해." "넌 노력을 잘하는 아이야." 이런 대화가 마음의 보약입니다.

10
APRIL
치 · 유 · 의 · 말

울먹이며 말을 똑바로 못할 때

"울지 말고 똑바로 말해. 왜 맨날 제대로 말을 못하니?" ❌

"속상하면 울어도 돼. 엄마가 기다려줄게.
그다음에 하고 싶은 말 다 해보자." ◎

말을 제대로 하지 못한다고 엄마가 화를 내면 아이는 더 말을 못합니다. '우리 아이는 속상하면 말을 잘 못하니 진정한 뒤 차근차근 대화해야 해.'라고 생각해보세요. 아이를 다독이고 기다려주는 일이 수월하게 느껴질 겁니다.

19

SEPTEMBER

강 · 점 · 의 · 말

캐릭터 영웅 역할에 빠져 있을 때

"그만 좀 해. 맨날 그 얘기만 하니?" ❌

"그 캐릭터의 장점은 뭐야? 어떤 점이 좋아?
너도 그런 점을 닮고 싶구나." ◎

아이가 좋아하는 캐릭터에는 아이의 소망이 반영되어 있어요. 자신이 되고 싶은 캐릭터에 대한 이야기를 나누어보세요. 그런 모습이 되기 위해 오늘 무엇을 하면 좋을지 생각해본다면 바람직한 행동을 하고 싶어진답니다.

APRIL
긍·정·의·말

안 된다고 말해도 계속 떼를 쓸 때

"안 된다고 했지. 계속 그러면 게임도 못 하게 할 거야." ❌

"진정하기가 어렵구나. 하지만 안 되는 건 안 되는 거야.
계속 떼써도 허락하지는 않아." ◎

마음을 조절하는 힘은 어릴 적부터 키워야 합니다. 진정하기 어려운 아이일수록 더 차분하게 말해야 해요. 엄마의 표정과 목소리가 안정적이면 아이도 서서히 진정할 수 있어요. 마음은 따뜻하게 돌보고, 원칙은 단단히 지켜주세요.

18
SEPTEMBER
사 · 고 · 의 · 말

누군가가 밉다고 말할 때

"뭐 그런 일로 그러니? 별일 아니야. 화내지 마." ✗

"0에서 10까지 중에서 얼마만큼 미워?
7 정도야? 10이 아닌 이유는 뭐야?" ◎

아이가 누군가를 미워할 때 숫자로 마음을 가늠하고, 미운 이유와 덜 미운 이유를 스스로 생각하도록 물어봐주세요. 그것만으로도 마음이 풀리기 시작해요. 이런 대화로 아이는 자신의 마음을 알아차리고, 조절할 수 있게 됩니다.

12
APRIL
사 · 고 · 의 · 말

한 번에 듣지 않고
꼭 두세 번 말해야 들을 때

"제발 여러 번 말하게 만들지 마. 한 번 말하면 알아들어." ✖

"엄마 말이 잘 안 들렸나 보네.
다시 한번만 더 말할게. 집중해서 들어." ◎

아이들은 늘 자기 관심사에 빠져 있습니다. 그러니 엄마 말에 주의를 기울이는 방법을 연습해야 합니다. 아이 눈을 맞추고 천천히 말해주세요. 그래야 잘 들을 수 있습니다.

17

SEPTEMBER

긍·정·의·말

발표하기를 두려워할 때

〰〰〰〰

"발표하기가 왜 겁이 나. 그냥 아는 걸 말하면 되잖아." ❌

"맞아, 겁날 수 있어. 엄마한테 하고 싶은 말을 다 하면
1년 뒤에는 저절로 잘하게 될 거야." 🎯

발표는 평소 느낌과 생각을 솔직히 말하는 것에서 시작해요. 'Show&Tell' 시
간을 가져보세요. 좋아하는 물건을 좋아하는 이유와 기능을 보여주며 말하는
겁니다. 표현력이 더 좋아지고, 발표에 대한 두려움이 사라질 거예요.

13
APRIL
강 · 점 · 의 · 말

보드게임 규칙을 잘 지키며
즐기는 아이로 키우고 싶을 때

"규칙을 왜 맨날 까먹니? 몇 번 설명해야 알아들어?" ✕

"질 것 같아서 불안하지? 그래도 넌 규칙을 잘 기억할 수 있어.
물 한 모금 마시고 다시 시작해볼까?" ◎

이기고 싶은 아이는 질 것 같은 상황이 되면 규칙을 잊어버리지요. 그럴 때는
오히려 아이가 어떤 상황에서도 규칙을 잘 기억한다는 사실을 말해주세요. 그
래야 감정에 매몰되지 않고 이성의 힘을 발휘할 수 있습니다.

16

SEPTEMBER

치 · 유 · 의 · 말

엄마가 무섭다고 말할 때

-----//////////------

"엄마가 언제 무섭게 했어? 다 네가 잘못했으니까 그렇지." ❌

"엄마가 무서웠어? 그랬구나. 미안해.
천천히 네가 잘 알아들을 수 있게 설명해줄게." ◎

아이에겐 친절하고 세심한 엄마가 필요해요. 위압적이고 엄격한 태도는 오히
려 더 감정에 매몰되게 하고, 아이의 의욕을 꺾어버리니까요. 다정하게 아이
마음을 진정시켜야 엄마의 가르침을 받아들일 수 있습니다.

14
APRIL
엄·마·를·위·한·말

자꾸 우울해질 때

"괜히 애를 낳아서 이 고생이야. 정말 벗어나고 싶다." ❌

"그동안 너무 힘들었나 보네. 좀 쉴까?
슬픔을 치료해주는 레시피가 필요해." ◎

슬픔을 치료해주는 레시피를 만들어보세요. 좋아하는 장소, 음악, 음식, 향기, 책, 여행. 언제 어디서 누구와 무엇을 어떻게 하면 마음이 개운해지는지 생각만 해도 마음이 맑아질 거예요.

노력해도 공부가
잘 안된다고 생각할 때

—————《《《

"좀 더 열심히 하면 되잖아." ✖

"네가 노력한 것 엄마가 알아. 다음엔 방법을 바꾸어보자.
방법에 따라 효과가 달라져." ◎

공부는 노력한 만큼 효과가 있다는 자기 유능감이 중요해요. 노력해도 잘 안
된다고 생각하면 의욕과 동기가 사라지죠. 암기할 땐 노래 가사 바꾸어 부르
기, 첫 글자 외우기 등으로 놀아보는 것도 도움이 됩니다.

15
APRIL
공 · 감 · 의 · 말

"엄만 맨날 화만 내잖아."라고
말할 때

"네가 맨날 엄마를 화나게 하니까 그렇지." ❌

"그렇게 느꼈구나. 미안해. 화내지 않고 말하도록 노력할게.
엄마가 미소 지을 때는 언제야?" ◎

엄마가 맨날 화내지 않더라도 아이는 그렇게 느낄 수 있습니다. 공감해주어야
제대로 해소될 수 있어요. 긍정의 기억을 강화시켜주기 위해 엄마가 웃을 때
는 언제인지 질문해주세요. 부정적 기억의 편향을 막아줍니다.

14

SEPTEMBER

엄·마·를·위·한·말

자꾸 눈을 깜빡거려
틱 증상이 의심될 때

⊁⊦⊦⊦⊦⊦⊰⊰⊰⊰⊰

"아이가 틱이면 어떡하지? 스트레스가 많았나?" ❌

"틱은 지적하고 못 하게 하면 더 심해질 수 있어.
관심주지 않고 안정감을 주는 게 중요해." ◎

틱은 일부 근육이 의도치 않게 빠르게 수축하는 현상입니다. 신경학적 불균형의 문제가 원인이고, 스트레스를 받으면 증상이 심해지니 지적하는 건 좋지 않아요. 모른 척 잘 관찰하며 안정시켜주세요. 많은 경우 저질로 사라집니다.

16

APRIL
치 · 유 · 의 · 말

야단맞고 나서 시무룩할 때

"네가 뭘 잘못했는지 이제 알겠니? 다음부터 그러면 안 돼." ✖

"네가 나빠서 혼낸 게 아냐. 너를 얼마나 사랑하는데.
사랑하니까 잘못한 행동을 고쳐주는 거야." ◉

아이는 혼이 나면 엄마가 자신을 미워한다고 생각하지요. 아이를 사랑하고,
사랑하기에 잘못된 행동을 고쳐주려는 것임을 명확히 말해주세요. 그래야 깊
은 안정감을 느끼고 행동의 변화를 위해 아이도 노력합니다.

13
SEPTEMBER
강 · 점 · 의 · 말

수업 시간에
집중을 못 할 때

"자꾸 수업 시간에 딴짓할래? 선생님 말씀 잘 들어야지." ✕

"뭔가 힘들었구나. 어떤 상황에 집중이 안 돼?
어떻게 하면 좋을까? 엄마가 방법을 가르쳐줄까?" ◎

기질에 따라 집중 시간이 짧을 수 있어요. 혼내기만 하면 더 집중하기 어렵지요. 집중이 흩어질 때 자리에서 스트레칭, 심호흡하기를 알려주세요. 미리 아이와 함께 선생님께 질문할 내용을 만들어봐도 좋아요.

17

APRIL

긍 · 정 · 의 · 말

양치질을 혼자 못하고
엄마가 해주기 바랄 때

"다른 애들은 다 혼자 하는데 넌 언제까지 해달라고 할 거니?" ❌

"넌 혼자 옷도 잘 입고, 밥도 잘 먹어. 양치질도 잘하게 될 거야.
언제쯤이면 잘할 수 있을까?" ◎

이미 잘하고 있는 것을 먼저 확인시켜주면 스스로 할 수 있음에 자신감을 가질 수 있어요. 언제쯤부터 스스로 할 계획인지 생각하게 도와주세요. 그래야 새로운 행동을 시작할 마음의 준비를 할 수 있습니다.

산만한 아이의 주의력을
키워주고 싶을 때

"어휴, 정신없어. 집중 좀 해." ❌

"집중력을 키우는 방법이 있어. 엄마랑 연습해볼까?" ◎

주의력은 일상에서도 키울 수 있어요. 병원에 간다면 절차를 예측해보세요.
인사말, 접수 방법, 기다리기 역할 연습도 하고, 의사 선생님의 말씀과 행동,
의료 도구를 질문해도 좋아요. 이런 과정이 주의력을 높여줍니다.

18

APRIL

사·고·의·말

"엄마, 이거 다음에 뭐 해야 해요?" 라고 물을 때

"일일이 말해야 알아? 이제 수학 숙제해야지."

"오늘 할 일을 먼저 적어놓자.
하나씩 할 때마다 완성 스티커를 붙이면 어때?"

공부는 특히 아이 주도가 중요합니다. 수첩을 준비해 날마다 '오늘의 할 일' 표를 함께 만들어보세요. 아이가 다 하면 스티커를 붙이는 방법이 좋습니다. 자신이 한 일과 해야 할 일이 한눈에 보여 더 잘 실천할 수 있습니다.

11
SEPTEMBER
긍 · 정 · 의 · 말

유연성이 부족하고
고지식하게 행동할 때

"떠들지 말라고 해서 혼자 안 놀고 있었던 거야?" ✕

"선생님 말씀대로 행동했구나.
친구들은 조용히 놀았어? 시끄럽게 놀았어?" ◎

선생님이 떠들지 말라고 했다고 아무 말도 안 하는 아이. 우선 지시를 잘 따른 것을 칭찬해주고, 말의 숨은 의미를 이해할 수 있게 도와주세요. 그래야 상황을 유연하게 이해하는 능력을 키울 수 있습니다.

APRIL

강 · 점 · 의 · 말

자기 의견을 말할 줄 아는
아이로 키우고 싶을 때

"넌 어리니까 엄마, 아빠 의견에 따라야 해." ❌

"네가 어려도 너의 의견은 중요해. 네 의견을 충분히 말해줘." ◎

4.19혁명 기념일입니다. 유엔아동권리협약의 4대 기본권은 생존권, 보호권, 발달권, 참여권입니다. 이 중 참여권은 '자신의 생활에 영향을 주는 일에 대해 의견을 말하고 존중받을 권리'입니다. 어려도 아이의 의견을 존중해주세요.

10

SEPTEMBER

치 · 유 · 의 · 말

학습지를 많이 틀렸다며
속상해할 때

>>>>>>>

"왜 이렇게 많이 틀렸어? 아는 걸 왜 자꾸 틀리니?"

"정말 속상하겠다. 몰라서 틀린 것과 아는데 틀린 걸 구분해보자.
모르면 배우고, 실수는 줄이면 되지."

실패 경험에서 성공의 방법을 찾아주세요. 잘못을 지적하면 자괴감만 들어 아무것도 할 수 없습니다. 원인을 분석하면 앞으로 어떻게 해야 할지 생각하게 되지요. 엄마의 지혜로운 태도가 아이의 공부 태도에 좋은 영향을 줍니다.

20
APRIL
엄·마·를·위·한·말

아이의 단점만 보이고
장점을 찾기가 어려울 때

"우리 아이는 왜 이렇게 잘하는 게 하나도 없지?" ✖

"장점이 없을 리가 없잖아. 내가 너무 기준이 높나 봐.
오늘부터 하나씩 장점을 찾아봐야겠어." ◉

우리 아이는 밥을 잘 먹고, 크게 잘 웃고, 잠을 잘 자고, 친구랑도 잘 놀아요.
이런 게 장점으로 보이지 않는다면, 밥도 안 먹고, 웃지 않고, 잠을 못 자고, 친구도 없다고 생각해보세요. 얼마나 소중한 장점인지 확실하게 보일 겁니다.

9
SEPTEMBER
공 · 감 · 의 · 말

친구나 형제자매의 말을 끊고
자기 말만 하려고 할 때

"동생 말 다 듣고 나서 말해. 왜 너만 말하려고 하니?" ❌

"여기 입 카드와 귀 카드가 있어.
말하고 싶으면 '입 카드 주세요' 하고 받아서 말하기." ◎

그림 카드를 사용하면 그림이 지금 무엇을 해야 할지 자각하도록 도와주어
아이의 행동을 조절할 수 있어요. 이 놀이는 잘 듣는 능력뿐 아니라 집중력과
조절력 향상에도 도움이 됩니다.

21
APRIL
공 · 감 · 의 · 말

충고해도 대답하지 않고
부루퉁할 때

"엄마 말 알아들었어? 대답해야지!" ❌

"엄마랑 생각이 다르구나. 그럴 수 있어. 네 생각을 말해줄래?
엄만 네가 솔직히 말하는 게 좋아."

주도적인 아이는 다른 사람의 충고를 잘 받아들이지 않기도 합니다. 자신만의
생각이 있으니까요. 아이 마음에 공감해주고, 충분히 말할 수 있도록 도와주
세요. 그래야 소통하고 의논하는 아이로 커갈 수 있습니다.

8
SEPTEMBER
엄·마·를·위·한·말

오늘 하루의 의미를
찾고 싶을 때

"맨날 반복되는 생활, 그날이 그날 같아." ❌

"백로에는 친정 부모님 뵙는 날인데, 함께 식사라도 할까?" ◎

반복되는 매일의 의미를 찾기가 힘들죠. 하지만 똑같은 날은 없어요. 아이는 어제보다 더 자랐고, 오늘의 의미는 내가 찾는 만큼 더 생겨납니다. 풀잎에 맺힌 아침 이슬을 찾아보기만 해도 새로운 하루가 되지 않을까요?

22

APRIL

치 · 유 · 의 · 말

공공장소에서 자꾸만 보챌 때

"남들이 다 쳐다보잖아. 창피하니까 그만 소리 질러." ✗

"쉿! 나가서 얘기하자.
앉아서 차분히 얘기하면 해결할 수 있을 거야." ◎

꽃이 있는 벤치로 가서 힘든 마음을 다독여주세요. 활짝 핀 봄꽃들이 도와줄
거예요. 남들의 시선 때문에 아이의 요구를 허용하면 행동은 끝없이 반복될
수 있습니다.

7

SEPTEMBER

강 · 점 · 의 · 말

자꾸 엉뚱한 말을 할 때

++IIIIII≪

"왜 자꾸 엉뚱한 말을 해. 그러니까 애들이 너랑 안 놀잖아." ❌

"새로운 아이디어가 정말 많구나. 어쩌다 그 생각이 났어?
이유를 잊어버리지 말고 꼭 이야기해줘." ◎

엉뚱함은 틀에 얽매이지 않는 강점이기도 합니다. 맥락에 맞지 않는 질문이나
대답을 하는 경우에는 그 생각이 난 이유, 대화 주제와의 연결성을 질문해주
세요. 그래야 아이디어를 논리적으로 설명하는 능력을 키울 수 있습니다.

23
APRIL
긍 · 정 · 의 · 말

물건 욕심이 너무 많아
무조건 사달라고 떼쓸 때

"집에 비슷한 거 있는데 왜 또 사달라고 해?" ✕

"그게 있으면 뭐가 좋을까? 재미있겠어?
다른 방법도 있지 않을까? 같이 생각해보자." ◎

물건을 통해 심리적 욕구를 채우려는 건 사랑과 관심을 받고 싶은 마음일 수
도 있습니다. 마음속 진짜 바람이 무엇인지 깨달으면 물건에 집착하지 않고
원하는 것을 얻기 위해 무엇을 할 수 있을지 생각합니다.

6

SEPTEMBER.

사 · 고 · 의 · 말

아이의 말이
두서없이 뒤죽박죽일 때

~~~~~~

"순서대로 차근차근 좀 말해. 하나도 못 알아듣겠어." ❌

"엄마가 묻는 것부터 먼저 말해줄래?
누가? 언제? 어디서? 무엇을? 어떻게? 왜?" ◎

육하원칙으로 질문해주세요. 그러면 차근차근 자세히 말할 수 있습니다. 그리고 들은 말을 다시 정리해서 아이에게 들려주세요. 자신의 이야기가 명료화되어 다시 듣는 과정을 통해 말을 잘하는 아이로 자랍니다.

24
APRIL
사 · 고 · 의 · 말

한밤중에 아이스크림을
먹겠다고 우길 때

"안 된다고 했잖아. 어휴! 도대체 언제까지 이럴 거니?" ✗

"잠깐만. 너도 안 되는 걸 알잖아. 생각해보자.
뭘 하면 아이스크림을 잊어버릴 수 있을까?" ◎

아이가 한 가지에 집착할 땐 주의를 환기해 다른 생각을 하도록 도와주세요.
더 재미있기를 바라거나, 심술이 나서 그럴 수 있지요. 아이와 뭘 할지 함께
생각하는 것만으로도 행동을 조절할 수 있습니다.

5

SEPTEMBER

긍 · 정 · 의 · 말

유치원(학교)에 대해 물어도
잘 대답하지 않을 때

"왜 말을 안 해? 다른 애들은 잘도 말한다는데." ❌

"급식에 맛있는 반찬 나왔니? 싫은 반찬은?
억지로 먹느라 애썼어. 저녁엔 맛있는 음식 해줄게." ◎

일상 이야기를 말하지 않는다면 좋아하는 것을 먼저 물어봐주세요. 공감하고 맞장구쳐주며 상황에 대해 긍정적으로 말해주세요. 그래야 아이는 엄마에게 많은 걸 이야기하고 싶어집니다.

25

APRIL

강 · 점 · 의 · 말

저도 괜찮다고
아무리 말해도 듣지 않을 때

"질 때마다 이러면 다시는 너랑 안 놀 거야." ✗

"승부욕이 강한 건 참 좋은 점이야.
이번 놀이를 잘 분석해서 다음 작전을 세워보면 어떨까?" ◎

이기고 싶은 욕구는 타고난 강점입니다. 성숙한 방법으로 이길 수 있는 과정을 가르쳐주세요. 좋은 방법과 전략을 생각해낼 수 있게 됩니다. 그래야 혼자가 아니라 다 함께 이길 줄 아는 아이로 자랄 수 있습니다.

4

SEPTEMBER

치 · 유 · 의 · 말

글쓰기 숙제가 힘들어서
베끼려 할 때

"넌 왜 자꾸 베껴 쓰니? 네 생각을 써야지." ❌

"네 솔직한 마음을 쓰면 너만의 지식 재산이 될 거야.
솔직한 감정을 찾으면 글쓰기가 쉬워져." ◎

지식 재산의 날입니다. 직지심체요절이 세계 최초의 금속 활자본으로 등재된
날이죠. 글을 허락받지 않고 베껴 쓰면 물건을 훔친 것과 같다고 알려주세요.
솔직한 감정으로 글을 쓰면 치유가 되고 자신만의 지식 재산이 됩니다.

26
APRIL
엄·마·를·위·한·말

아이에게 자꾸
말실수를 하게 될 때

"난 왜 자꾸 하지 말아야 할 말을 하는 걸까?" ❌

"내가 너무 습관적으로 말하는 것 같아.
말하기를 멈추고 생각한 뒤 말해야겠어." ◎

엄마가 자주 하는 말실수는 아마도 엄마가 어릴 적, 엄마의 엄마에게서 많이
들었던 말일 거예요. 그러니 습관적으로 툭 튀어나오지요. 이럴 땐 말하기를
멈추고, 무슨 말을 할지 생각해보거나, 미리 연습해보는 방법이 좋습니다.

3

SEPTEMBER

공 · 감 · 의 · 말

친구가 자기를
싫어할까 봐 걱정할 때

"걔가 널 왜 싫어해. 안 그럴 거야. 걱정 마." ✖

"마음에 걸리는 게 있구나. 뭔지 말해줄 수 있어?
엄마랑 의논하면 방법을 찾을 수 있을 거야." ◎

막연히 괜찮다는 말은 별로 도움이 되지 않습니다. 걱정되는 것이 무엇인지
따뜻하게 질문해주세요. 그래야 아이가 마음을 털어놓을 수 있어요. 엄마에게
말한 것만으로도 아이 마음이 개운해질 거예요.

27

APRIL

사·랑·의·말

엄마로서의 삶을 좀 더
즐겁게 만들고 싶을 때

"엄마로 사는 게 즐겁기는 어렵잖아." ✖

"아이를 보며 행복할 때가 훨씬 더 많아.
나를 즐겁게 하는 아이 모습을 찾아볼까?" ◎

아이 덕분에 가슴 가득하게 행복할 때가 더 많아요. 아이의 해맑은 웃음소리,
생각하는 눈빛, 벌렁이는 콧구멍, 미소 짓는 입꼬리, 뽀옹 방귀 소리, "엄마 사
랑해."라 말해주는 입술. 어느 것 하나 행복하지 않은 게 없답니다.

아이와 속 깊은
대화를 나누고 싶을 때

>>>>>>>

"우리 아이는 왜 나한테 속마음을 다 말하지 않을까?" ✖

"내가 너무 챙기는 말만 해서 그럴 거야.
내가 먼저 아이에게 진솔하게 말하는 게 좋겠어." ◎

아이는 원래 엄마와 깊은 대화를 나누고 싶어요. 엄마가 나를 이해해준다고
느낄 때 행복하니까요. 잔소리를 멈추고, 아이가 좋아하는 것을 물어보세요.
이유를 묻고 서로의 생각을 나누다 보면 속 깊은 대화를 할 수 있습니다.

28
APRIL
사 · 랑 · 의 · 말

회복탄력성이
강한 사람으로 키우고 싶을 때

"힘들어도 열심히 하면 다 잘할 수 있어." ❌

"이순신 장군은 어떻게 일본군을 물리칠 수 있었을까?" ◎

이순신 장군 탄신일입니다. 이순신 장군 위인전을 함께 읽어보며 어떻게 거북
선을 만들고 위기의 순간에 용기를 낼 수 있었을지 찾아보고 이야기 나누어
보세요. 훌륭한 인물을 가슴에 품으면 그 사람처럼 되려 노력하게 됩니다.

1

SEPTEMBER

감 · 사 · 의 · 말

엄마로 산다는 사실이
새삼 고맙게 느껴질 때

"나 같은 엄마 만난 걸 감사하게 생각해." ❌

"엄마가 지금까지 한 일 중에 가장 잘한 일은 바로 ○○이의
엄마가 된 일이야. 정말 고마워." ◎

어디서 이렇게 예쁜 아이가 나에게로 왔을까요? 우리 아이의 엄마가 되었다는 사실이 정말 감사해요. 그 마음을 아이에게 전해주세요. 그러면 아이는 엄마도, 자기 자신도 더 사랑하게 될 거예요.

29

APRIL

사 · 랑 · 의 · 말

어제 혼을 냈는데
오늘 엄마를 보며 해맑게 웃을 때

"넌 그렇게 혼나고도 웃음이 나오니?" ✖

"엄마 보며 다시 웃어줘서 고마워.
엄마가 너무 심했어. 미안해. 사랑해." ◎

어제 혼나고도 오늘 다시 엄마를 사랑한다는 아이, 참 신기한 마음입니다. 어쩌면 엄마가 아이를 사랑하는 마음보다 아이가 엄마를 사랑하는 마음이 더 큰 것 같아요. 그런 아이에게 진심 어린 사랑을 전해주세요.

30
APRIL
감 · 사 · 의 · 말

제시간에 집으로 돌아왔을 때

"잘 다녀왔어? 선생님 말씀 잘 들었어? 재미있었니?" ❌

"와! 오늘도 무사히 잘 다녀와줘서 고마워.
엄마는 너를 기다리며 간식을 만들었어." ◎

어린 왕자를 기다리는 여우처럼 아이가 3시에 온다면 2시부터 행복해지나
요? 시간이 가까워지면 빨리 보고 싶어 두근두근하나요? 바로 그 마음을 전
해주세요. 엄마가 전하는 사랑과 감사 표현이 아이를 행복하게 한답니다.

31
AUGUST
감·사·의·말

게임하는 법을 설명해줄 때

"좀 알아듣게 설명해. 무슨 말인지 모르겠어." ❌

"게임하는 법을 가르쳐줘서 고마워.
차근차근 설명을 잘해줘서 더 고마워." ◎

보드게임을 할 때 "게임 방법 가르쳐줄래?"라고 말해보세요. 아마 아이는 열심히 설명할 거예요. 그 설명이 미숙하더라도 엄마가 고마워하면 아이는 더 잘하려 애쓸 거예요. 감사는 늘 의욕을 북돋아준답니다.

5
M A Y

30
AUGUST
사 · 랑 · 의 · 말

산만한 아이에게 칭찬과 훈계 중
무엇을 해야 할지 헷갈릴 때

"왜 이렇게 산만해? 차분하게 끝까지 해야지." ❌

"힘든데 정말 애썼어.
앞으로 조금 더 집중을 잘하려면 어떻게 하면 좋을까?" ◎

훈계를 먼저 하고 나중에 칭찬을 하면 처음 제시된 부정적인 말만 선택적으로 기억하게 되지요. 근거 있는 칭찬을 먼저 말해주세요. 진정한 사랑의 말은 아이가 스스로를 자랑스럽게 생각할 수 있는 말입니다.

엄마 앞에서 신나게
엉덩이춤을 출 때

"왜 이렇게 이상한 춤을 추니?" ❌

"와, 너무 재미있는 춤이다. 엄마를 웃게 해줘서 고마워." ◎

아이는 신이 나면 엉덩이춤을 춥니다. 사춘기가 오면 보기 힘든 모습이죠. 많이 즐기고 행복한 시간으로 만들어요. 아이와 함께 춤춘 시간들이 엄마와 아이 모두 힘든 상황을 이겨내는 데 중요한 에너지가 될 거예요.

29
AUGUST
사 · 랑 · 의 · 말

엄마가 더울까 봐
아이가 손부채질해줄 때

"괜찮아. 저리 가 있어. 가까이 있으면 더 더워." ✕

"엄마를 너무 사랑하는구나. 엄마도 그래.
우리 ○○이 너무 고맙고 사랑해." ◎

엄마가 집안일하고 땀을 닦으니, 아이가 예쁜 손으로 손부채질해주네요. 이렇게 사랑스러울 수 있을까요? 물론 하나도 시원하지 않을 수 있어요. 하지만 그 예쁜 마음에 꼭 사랑으로 답해주세요.

2
M A Y
엄·마·를·위·한·말

아이의 요구를
수용할지 말지 고민될 때

"얜 왜 이렇게 자꾸 고민하게 만들지?" ❌

"이 결정이 아이에게 도움이 되나? 내가 힘든 점은 없을까?" ◎

엄마는 어쩌면 늘 선택의 기로에 서 있습니다. 들어주어야 할지 말지 혼란스
럽지요. 이럴 땐 마음을 비우고 생각을 정리해보세요. 나와 아이의 성장에 도
움이 되나요? 스스로 기준을 세워본다면 현명한 선택을 할 수 있을 거예요.

28
AUGUST
사 · 랑 · 의 · 말

공부를 못할 것 같아
자꾸 걱정될 때

"너 이러다 친구들이 공부 못한다고 놀리면 어떡할래?" ✖

"겁먹을 필요 없어. 할 수 있는 만큼 하다 보면 어느새 잘하게 될 거야.
엄마가 도와줄게." ◎

친구보다 자신이 공부를 못한다고 느낄 때 아이는 걱정이 큽니다. 아이의 불안을 잠재워주세요. 할 수 있는 만큼 꾸준히 한다면 분명 실력은 좋아질 테니까요. 아이의 인지 발달을 도와주는 엄마의 사랑이 필요할 때입니다.

3
MAY
공 · 감 · 의 · 말

뭐가 속상한지 물어도
말하지 않고 뾰로통할 때

"왜 그러는데? 말을 해야 알지." ❌

"뭔가 되게 힘들구나. 지금 말 안 해도 괜찮아.
나중에 말하고 싶을 때 말해줘." ⭕

마음이 힘들면 말이 잘 나오지 않아요. 자꾸 말하라 하면 오히려 불안해져 더
말을 못 하게 되지요. 지금 당장 말하지 않아도 된다는 말이 오히려 안정감을
주어 말하고 싶은 마음이 들어요. 마음을 따뜻하게 보듬어주세요.

27

AUGUST

사 · 랑 · 의 · 말

친구와 싸워서 속상해할 때

"그러게 왜 싸워. 사이좋게 놀아야지." ❌

"중요한 경험을 했구나. 친구와 싸우는 건 당연한 과정이야.
속상하겠지만, 마음이 자랄 거야." ◎

싸움을 진짜 화해로 승화시키도록 도와주세요. "다툼이 어떻게 시작되었어?
지금 마음은 어때? 내일 친구에게 무슨 말을 하고 싶어?" 이렇게 물으면 마음
이 정리가 되고 아이는 더 큰 사랑을 느낄 수 있을 거예요.

4

MAY

치 · 유 · 의 · 말

집에선 수다쟁이면서
밖에선 말을 못 할 때

"넌 왜 밖에만 나오면 말을 못 하니?" ✗

"누가 뭐라 할까 봐 걱정됐구나. 중요한 사실이 있어.
사람들은 대부분 엄마, 아빠처럼 너를 좋아하고 아낀단다." ◎

낯가림이 심한 아이들은 타인의 시선이 불편할 때 입을 다물죠. 이럴 땐 사람들 대부분이 아이를 좋아한다고 말해주세요. 세상과 사람에 대한 믿음이 회복되면 서서히 낯가림이 나아집니다.

26
AUGUST
엄·마·를·위·한·말

야단친 후 마음이 아플 때

"왜 저렇게 말을 안 듣는 거야. 속상해 죽겠네." ❌

"야단쳐서 나도 마음이 아파. 상처를 빨리 치료해줘야겠어." ◎

야단맞은 아이의 마음을 치료하는 법이에요. ①힘든 마음에 공감하기 ②야단친 이유 설명하기 ③엄마 말을 들어줘서 고맙다고 표현하기 ④아이가 억울하다고 생각하는 건 없는지 질문하기 ⑤사랑한다고 말하고 안아주기.

어린이날,
특별한 선물과 놀이를 원할 때

"어린이날이니까 특별히 봐주는 거야. 또 해달라고 하면 안 돼." ❌

"어린이날이니까 특별한 사랑을 줄게.
맛있는 음식과 선물과 놀이가 준비되어 있습니다. 짜잔!" ◎

비싸지 않아도 의미 있는 선물을 주고, 신나게 놀아주면 세상에서 가장 행복한 어린이날이 된답니다. 행복한 감정을 선물로 주세요. 업어주기에서 졸업한 나이라면 아이를 업고 거실 한 바퀴 돌기도 특별한 선물이 됩니다.

25
AUGUST
강 · 점 · 의 · 말

자꾸 주변 사람의 일에 참견할 때

"왜 자꾸 남의 일에 신경 쓰니? 네 거나 잘해." ❌

"남에게 관심이 많은 건 좋지만,
말해야 할 때와 생각만 해야 할 때를 구분해야 해." ◎

호기심이 많은 아이는 주변 일에 관심이 많고 여러 질문을 하지요. 강점임을 인정해주고, 그 강점을 어떻게 사용할지 알려줘야 합니다. "지금은 말해도 돼." "나중에 집에 가서 말해줘." 이런 말이 강점을 키워줍니다.

6
MAY
사 · 고 · 의 · 말

엄마만 찾고
아빠를 밀어내서 난감할 때

"아빠가 널 얼마나 사랑하는데 그러니? 아빠 한번 안아줘." ❌

"아빠에게 뭔가 서운한 게 있구나.
아빠에게 바라는 걸 엄마한테 말해줄래? 그림도 좋고 편지도 좋아." ◎

아이는 엄마, 아빠 모두 사랑합니다. 하지만 사랑의 방식이 달라 불편하면 밀어내기도 하지요. 이럴 땐 서운한 점과 바라는 점을 물어봐주세요. 아빠와의 사랑을 연결하는 오작교가 되어주세요.

24
AUGUST
사 · 고 · 의 · 말

신나게 놀고도
많이 못 놀았다고 짜증 낼 때

"2시간 놀고 들어가기로 했잖아. 놀고도 짜증을 내니?" ❌

"우리 2시간 놀기로 했지? 이제 30분 남았으니 맘껏 신나게 놀아.
시간 되면 알려줄게." 🎯

놀이가 끝나기 30분 전에 미리 시간을 알려주세요. 그래야 마음의 준비를 할
수 있어요. 특히 놀이 중에 가능하면 잔소리는 참아주세요. 잔소리 없는 자유
놀이여야 충분히 즐겁고 만족스럽고, 시간 약속도 잘 지킬 수 있어요.

7

MAY

강 · 점 · 의 · 말

하고 싶은 걸 못 하게 하면
심하게 울며 고집부릴 때

"안 된다고 했잖아. 언제까지 이럴래? 그만 울어." ✖

"한번 마음먹은 건 꼭 하고 싶구나. 다 울고 나서 이유를 말해줘.
이유가 타당하면 엄마도 생각해볼게." ◎

고집이 센 건 단점이 아니라 강점입니다. 다만 아직 자신의 주장을 제대로 설명하기 어려워 그저 울음으로 표현하죠. 다 울고 나서 이유를 말해달라고 하면 아이도 쉽게 진정하고 말로 표현하기 시작합니다.

이리 오라고 불러도
말을 듣지 않을 때

"엄마가 오라고 했잖아. 왜 이렇게 말을 안 들어?" ✗

"우리 소환마법을 만들자. 서로 주문을 외치면 와서 착 붙는 거야.
엄마는 '아씨오!' 너의 주문은?" ◎

불러도 잘 오지 않을 땐 마법의 주문이 효과적입니다. 아이에게 화를 내기보다 주문을 외워보세요. 해리 포터의 주문 '아씨오!(Accio, 나에게로 오라)'를 외치며 다가간다면 즐거운 추억도 만들고 엄마의 말에 집중할 수 있어요.

8
MAY
엄·마·를·위·한·말

어버이날,
부모님께 감사함을 전하고 싶을 때

＊＊＊＊

"용돈 드리는 게 나을까? 선물이 나을까?" ❌

"모처럼 우리 부모님과도 함께 즐거운 시간을 보내야지." ⭕

용돈도 선물도 다 좋아요. 하지만 그 무엇보다 소중한 선물은 함께하는 즐거운 시간일 거예요. 옛 추억을 이야기하며 함께 웃는다면 정말 의미 있는 어버이날이 되지 않을까요?

22

AUGUST

치 · 유 · 의 · 말

친구 관계로 상처받은 아이를
치유해주고 싶을 때

"괜찮아. 또 다른 친구 사귀면 되잖아." ❌

"좋은 친구는 오래 못 봐도 서로를 아끼는 마음은 변하지 않아.
다시 만나고 싶은 친구가 있니?" ◎

예전에 친했던 친구와 만나는 날을 정해보세요. 엄마가 연락해야 하는 번거로
움이 있지만, 약간의 도움이 아이에겐 마음의 디딤돌이 될 거예요.

9

MAY

공 · 감 · 의 · 말

키가 작아 놀이기구를
타지 못해 울 때

"키가 작아서 안 된다잖아. 다른 거 타." ❌

"많이 속상하지? 그런데 계속 울고 있을까?
아니면 네가 탈 수 있는 놀이기구를 찾아갈래?" ⭕

원하는 놀이기구를 타지 못하면 정말 속상하지요. 충분히 그 마음에 공감해주
세요. 단, 그 감정에 매몰되지 않고, 탈 수 있는 놀이기구를 찾아 즐겁게 놀 수
있도록 도와주세요. 이런 경험이 마음 조절력을 키워준답니다.

21
AUGUST
공 · 감 · 의 · 말

부끄러움이 너무 심해
인사하기 힘들어할 때

"인사해야지. 왜 이렇게 숨어? 큰 소리로 인사해." ❌

"인사는 자세, 표정, 목소리가 중요해. 너는 표정이 참 좋아.
미소 짓고 고개만 숙여도 좋은 인사야." ◎

수줍음이 많은 아이는 인사가 힘들어요. 아이가 할 수 있는 인사부터 시작해
주세요. 미소 지으며 살짝 고개만 숙여도 인사임을 인정해주세요. 그래야 아
이도 서서히 편안하게 큰 목소리를 낼 수 있습니다.

10

MAY

치 · 유 · 의 · 말

공놀이를 하는데
"난 못해."라는 말을 할 때

"안 하면 자꾸 더 못하게 되잖아. 그냥 한번 던져봐." ❌

"너 진짜 잘하고 싶구나. 30번만 던지면 분명히 성공할 수 있어.
넌 30번 실패할 용기가 있니?" ◎

실패가 당연한 과정임을 깨달을 수 있는 말이 필요합니다. 그렇지 않으면 자신 없는 건 회피하는 습관이 생겨 더 힘들어집니다. 미리 실패의 횟수를 알려주는 것만으로도 아이는 용기를 내어 도전할 수 있습니다.

20
AUGUST
엄·마·를·위·한·말

혼내지 않고 훈육하고 싶을 때

"혼내기 싫어도 혼내지 않고 훈육할 순 없잖아." ❌

"혼내지 않고 잘 가르치는 방법이 있을 거야.
훈육은 혼내는 게 아니라 가르치는 거니까." ◎

훈육은 '품성과 도덕을 가르치고 기르는 것'입니다. 훈육의 2단계를 기억해주
세요. 먼저 떼쓰는 아이의 마음을 따뜻하게 공감하고, 안정되면 잘못한 행동
을 올바르게 가르쳐주세요. 따뜻하고 단단한 훈육이 아이를 성장하게 합니다.

11
M A Y
긍 · 정 · 의 · 말

놀이터에서 새치기를 할 때

"왜 새치기를 해? 엄마가 얼마나 창피했는지 알아?" ❌

"빨리 타고 싶었구나. 어떻게 하면 잘 기다릴 수 있을까?
숫자 100까지 세어보면 어떨까?" ◎

빨리 타고 싶은 마음은 문제가 아닙니다. 순서를 지키고 기다리는 힘이 부족했을 뿐이지요. 기다리는 동안 상상하기, 숫자 세기 등의 방법을 알려주세요. 몇 번 하다 보면 기다리며 순서를 지키는 힘이 생깁니다.

19
AUGUST
강 · 점 · 의 · 말

가지도 않은 여행을 다녀왔다고
선생님께 거짓말했을 때

"여행 안 갔잖아. 왜 거짓말을 해?" ✖

"상상인지 사실인지 먼저 이야기해줄래?
선생님이 네가 거짓말했다고 오해할 수 있어." 🎯

아이는 자신의 바람을 있었던 일인 양 말하기도 합니다. 여기에 거짓말이라 이름 붙이면 아이는 감추려다 더 거짓말이 많아지지요. 상상인지 사실인지 구분하도록 도와주세요. 이야기가 꼬리에 꼬리를 물고 이어질 거예요.

12

MAY

사 · 고 · 의 · 말

아빠는 된다는데
왜 엄마는 안 되냐고 따질 때

"아빠가 뭘 몰라서 그래. 그냥 엄마 말 들어." ❌

"아빠랑 엄마 의견이 달라서 헷갈리는구나.
아빠랑 의논해서 다시 말해줄게." ◎

부부의 양육관이 다른 경우, 아이 앞에서 배우자를 비난하는 건 아이를 불안
하게 하는 일입니다. 이런 경우엔 엄마, 아빠가 다시 의논해서 합의된 의견을
전달해주세요. 그때그때 의논하는 모습 자체가 아이에겐 큰 배움이 되니까요.

18

AUGUST

사 · 고 · 의 · 말

주말에 심심하다며
게임만 하겠다고 할 때

"주말인데 밀린 숙제를 해야지. 게임만 하면 어떡해?" ❌

"시간을 잘 써야겠다. 게임 몇 분 할래?
숙제 계획은? 나머지 시간은 놀이터 두 곳 탐방해볼까?" ⭕

아이는 늘 흥미로운 뭔가를 기다립니다. 몰랐던 걸 알게 되는 뿌듯함을 경험하게 도와주세요. 동네 놀이터 두 곳을 탐방해 비교하고 장단점을 분석해보세요. 일기장에 글과 그림으로 남기면 엄청난 결과물이 탄생할 거예요.

13
MAY
강 · 점 · 의 · 말

몇 번을 불러도 못 들을 때

"엄마가 몇 번이나 불렀는지 알아?" ✕

"넌 몰입을 참 잘하는구나. 그럼 잘 못 들을 수 있어.
어떤 방법으로 신호를 줄까? 어깨 톡톡? 안아주기?" ◎

한 가지에 몰입하는 건 매우 큰 강점입니다. 하지만 상황에 따라 하던 일을 멈추고 엄마 말에 귀를 기울일 줄 아는 것도 중요하지요. 아이와 방법을 의논해주세요. 아이도 쉽게 행동이 달라질 수 있습니다.

17

AUGUST

긍 · 정 · 의 · 말

손이 아파 글쓰기를 힘들어할 때

"이 정도는 따라 쓸 수 있잖아. 조금만 더 써봐." ❌

"손이 아프구나. 몇 글자 쓰고 쉬면 좋을까?
일곱 살이 이 정도 쓰는 건 정말 잘하는 거야." ◎

글씨를 잘 쓰고 싶지만 아직 어린아이는 정말 손이 아파서 쓰기가 힘듭니다.
게다가 삐뚤빼뚤하기만 한 자신의 작품이 마음에 들지 않아요. 충분히 잘하고
있다고 말해주세요. 그래야 노력하고 싶은 마음이 드니까요.

14
MAY
엄·마·를·위·한·말

부부가 다툴 일이 있을 때

"왜 이렇게 다 날 힘들게 하는 거야." ✕

"○○이가 놀랄 수 있겠어.
엄마, 아빠가 이야기하다 목소리가 커질 수 있다고 말해줘야겠다." ◎

부부 다툼은 예고가 필요합니다. 미리 알고 있는 것만으로도 아이의 불안은
줄어들죠. 대화가 끝나면 이해할 수 있게 설명해주세요. 엄마의 다정한 설명
은 아이의 불안을 잠재워줍니다.

16

AUGUST

치 · 유 · 의 · 말

무기력하고
의욕이 없다고 느껴질 때

"왜 이렇게 기운이 없어. 움직여야 힘이 나지." ❌

"숙제가 부담스러워? 학원 시험이 걱정돼?
어떤 경우든 엄마는 네 편이야. 엄마한테 말해줄래?" ◎

무기력은 아무것도 못 할 것 같은 느낌입니다. 적은 양의 숙제라도 큰 부담을
느낀다면 도움이 필요하죠. 아이 편이 되어 부담을 덜어주고 수어진 과제를
잘할 수 있게 도와주세요. 그런 엄마 모습이 아이에겐 치유가 됩니다.

15

MAY

공·감·의·말

선생님께 감사의 마음을
전하고 싶을 때

"스승의 날이니까 선생님께 감사 편지 써." ❌

"선생님마다 고마운 점이 있을 거야.
어느 선생님께 어떤 점이 고마운지 하나씩 말해볼까?" ◉

감사 표현을 의무적으로 하는 건 좋지 않습니다. 선생님마다 고마운 점을 하나씩만 말한 다음에 편지를 쓰게 도와주세요. 글자를 모르면 그림으로 그리고 아이의 말을 받아 써주면 됩니다. 진심이 담긴 감사 편지가 될 거예요.

15
AUGUST
공 · 감 · 의 · 말

광복절의 의미를
제대로 알려주고 싶을 때

"광복절은 일본이 연합군에게 져서 우리가 해방된 날이야." ❌

"광복은 빛을 되찾았다는 의미야.
우리 선조들이 끊임없이 독립 투쟁했기에 나라를 되찾을 수 있었지." ⭕

일본이 연합군에게 패하면서 우리나라가 해방된 것은 사실이지만, 그보다 자주독립을 위한 선열들의 희생과 헌신이 있었음을 더 강조해주세요. 선열들의 노력이 없었다면 우리의 역사가 어떻게 달라졌을지 모르니까요.

16

MAY

치 · 유 · 의 · 말

계단 내려오기를
무서워할 때

"다른 애들은 다 잘 내려오잖아. 그냥 내려와." ✗

"엄마 손잡고 같이 한 발씩 천천히 내려가볼까?
오른발 내리고, 왼발 내리고, 잘하네!" ◎

또래가 잘한다고 다 잘할 수 있는 건 아닙니다. 우리 아이가 안심하고 익숙해질 수 있도록 보호장치가 필요하죠. 엄마가 손잡아주기, 구령 붙여주기, 노력하는 점 칭찬하기의 단계가 우리 아이에게 꼭 필요하다는 걸 기억해주세요.

14

AUGUST

엄·마·를·위·한·말

아이 친구에 비해 놀잇감이
부족하다고 생각될 때

"친구들이 다 가진 장난감도 못 사줬네. 속상해." ❌

"장난감이 부족해도 다양하게 놀면 심리적 만족감은 더 클 수 있어." ◎

놀이에서 가장 중요한 건 상상력과 창의력으로 재미있게 노는 것이에요. 수건, 끈, 작아진 옷, 빈 상자 등이 모두 놀잇감이죠. '거실에서 장난감 없이 노는 방법 찾기' 미션을 줘보세요. 아이의 상상이 폭발하기 시작할 거예요.

아이가 배달 음식을
너무 자주 요구할 때

"뭘 또 시켜 먹니? 엄마가 해준 거 먹어." ❌

"그게 먹고 싶구나. 배달 음식은 일주일에 ( )번 먹을 수 있어.
언제 먹을지 선택해볼까?" 🎯

'일주일에 ( )번'이라는 우리 집 규칙을 알려주세요. 다른 친구는 맨날 시켜 먹
는다는 말을 하면 집집마다 규칙이 다르다는 사실도 말해주세요. 함께 달력을
보며 무슨 요일을 선택할지 즐거운 고민의 시간을 만들어보기 바랍니다.

13
AUGUST
강 · 점 · 의 · 말

한번 떼쓰기 시작하면
고집을 꺾지 않을 때

"왜 이렇게 고집이 세니? 좀 그만해!" ❌

"자기주장이 강한 건 훌륭한 점이야.
타당한 이유를 말해줄래? 현명하게 판단하는 게 중요해" ◎

고집이 센 아이는 엄마가 참 힘이 들지만 자기주장이 강한 건 훌륭한 강점이
에요. 그래도 타당한 이유를 말하는 능력은 키워가야 하시요. 먼저 아이의 강
점을 지지해주고 되는 것과 안 되는 것을 구분해야 한다고 말해주세요.

18

MAY

사 · 고 · 의 · 말

루틴이 바뀌는 걸 힘들어할 때

"상황에 따라 달라질 수도 있지. 왜 이렇게 까다롭게 굴어?" ❌

"너만의 규칙을 잘 지키고 싶구나. 오늘은 상황이 달라졌어.
이럴 땐 어떻게 바꾸면 좋을까?" ⭕

늘 같은 방식, 같은 길 등 아이는 어느새 자기만의 루틴을 만듭니다. 아이가
좋은 습관을 기르는 루틴을 만들도록 도와주세요. 여러 상황을 알려준다면 변
화된 상황에도 유연하게 대처하는 성숙한 루틴으로 발전해갈 것입니다.

12

AUGUST

사 · 고 · 의 · 말

장기자랑할 게 없다고
시무룩할 때

"너 좋아하는 노래나 춤추면 되잖아." ❌

"새로운 걸 생각해보자. 네가 좋아하는 축구 해설하기,
재미있는 영상 소개하기, 시 낭송하기는 어떨까?" ◎

'장기자랑' 하면 노래, 춤, 악기 연주가 떠오릅니다. 고정 관념에서 벗어나 아
이와 함께 새로운 장기를 개발해보세요. 편지 낭독하기, 책 소개하기, 동영상
보여주며 해설하기 등 창의적인 일들이 있죠. 훨씬 더 인기 있을 거예요.

19
MAY
강 · 점 · 의 · 말

계단을 여러 칸씩
뛰어 내려갈 때

🌿

"위험해. 하지 마. 한 칸씩 내려가야지." ❌

"조금씩 도전하는 건 정말 멋있어.
그런데 안전하게 내려올 때와 도전할 때를 구분할 수 있니?" ◎

아이가 자신의 몸을 이용해 새로운 도전을 하는 건 정말 좋은 강점이고 바람직한 일입니다. 다만 공공장소에선 안전하게 걸어야 한다는 사실을 알려주세요. 때와 장소를 가릴 줄 아는 멋진 아이로 자라게 됩니다.

11
AUGUST
긍 · 정 · 의 · 말

기침하면서도 에어컨을
세게 틀어달라고 요구할 때

"너 자꾸 기침하니까 이제 끌 거야." ❌

"우리 100년 전 놀이할까? 옛날에는 선풍기도 에어컨도 없었는데
더위를 어떻게 물리쳤을까?" ◎

다산 정약용은 투호 놀이, 그네 타기, 연꽃 구경, 대자리 위에서 바둑 두기를
하다 보면 더위를 못 느끼고 여름이 지나간다고 했지요. 조상들의 더위 쫓는
방법을 실천해보세요. 무더운 여름을 잘 보낼 수 있을 겁니다.

20
MAY
엄·마·를·위·한·말

다른 아이와
자꾸 비교가 될 때

🌿

"왜 이렇게 우리 아이는 남들보다 못하지?" ❌

"비교하는 마음은 독이 될 뿐이야. 우리 아이만의 강점이 있잖아." ◎

재능 있는 아이들과 우리 아이가 자꾸 비교된다면 그 생각을 멈추어야 합니다. 아이는 자신만의 개성이 있고 그걸 부모가 잘 키워야지요. 우리 아이의 강점 한 가지를 날마다 써보세요. 쓰다 보면 점점 더 많이 보인답니다.

10

AUGUST

치 · 유 · 의 · 말

한번 짜증이 나면
조절하기 어려울 때

"얘가 왜 이래? 벌써 몇 시간째야?" ❌

"여기 감정 온도계가 있어.
스티커로 지금 감정 온도가 얼마나 올라갔는지 표시해볼까?" ◎

감정이 북받치면 그 속에 매몰되어 짜증을 내지요. 아무리 말해도 진정되지
않을 땐 감정 온도계 그림을 사용해보세요. 0부터 10 사이의 숫자로 표현해
도 좋아요. 온도가 뜨거워진 이유를 말로 표현하면서 진정할 수 있습니다.

21
M A Y
공·감·의·말

칭찬 스티커를
여러 개 붙이려 할 때

✦✦✦✦✦

"한 번 했으니 하나만 붙여야지. 왜 계속 붙여? 빨리 떼." ❌

"진정하고 천천히 생각해보자. 스티커를 더 붙이고 싶을 수 있어.
그런데 좀 찜찜하지? 그 마음이 무척 소중해." ◎

아이의 두 가지 마음을 모두 알아주세요. 스티커를 많이 붙이고 싶은 마음도
있고, 그러면 안 된다는 마음도 있어요. 두 마음 모두 읽어주는 것이 깊은 공감
이 됩니다. 어느 마음이 더 예쁜 마음인지 스스로 판단할 수 있게 될 거예요.

9

AUGUST

공 · 감 · 의 · 말

형의 물건을 자기 것이라
억지 주장을 할 때

"그건 형 거잖아. 네 건 저기 있잖아." ❌

"형 장난감이 더 멋있어 보이는구나.
어떤 점이 좋아 보이는지 얘기해줄래?" ◎

일단 아이 마음에 공감해주고, 구체적으로 이유를 물어봐주세요. 왜 형의 것을 갖고 싶은지 생각하고 말하면서 마음을 가라앉히게 되니까요. 그러다 보면 다음엔 어떤 선택을 할지 곰곰이 생각할 수 있습니다.

피아노 학원에 가기 싫다고
징징거릴 때

"피아노 배우고 싶다며. 네가 한다고 하고선 왜 그래?" ✖

"무언가 걱정되니? 뭐가 걱정인지 엄마한테 말해줄 수 있어?
엄만 널 도와줄 수 있단다." ◎

아이는 하고 싶은 것도 많지만 그에 따른 걱정과 불안도 큽니다. 바로 그 마음을 알아주세요. 선생님이 무서울까 봐, 도레미가 어디인지 몰라서 등 이유는 많습니다. 아이 마음을 불편하게 하는 게 뭔지 알아야 도와줄 수 있습니다.

8

AUGUST

엄·마·를·위·한·말

덥다고 짜증 내는
아이에게 지칠 때

"아직 더운데 벌써 입추야? 더위나 가시면 좋겠네." ❌

"아직 덥지만 저녁이면 가을바람이 느껴질 거야.
아이와 가을맞이를 해볼까?" ⭕

이즈음은 입추입니다. 아직 가을이 실감 나진 않지만, 아이에게 가을이 시작
되는 날임을 말해주고, 함께 산책하며 가을바람을 느껴보세요. 시간의 흐름에
대한 경외감이 몸에 스며들 거예요.

23

MAY

긍 · 정 · 의 · 말

혼자 놀기 싫다며
계속 칭얼거릴 때

"책 보면 되잖아. 너 게임 하고 싶어서 그러지?" ❌

"혼자 놀기 싫을 땐 친구가 필요하지. 방법을 생각해보자.
친구가 없으면 엄마랑 보드게임 어때?" ◎

아이의 사회성은 부모에게서 시작됩니다. 심심할 때 친구에게 먼저 연락하는
사회적 기술을 보여주고 알려주세요. 의외로 사람들은 늘 먼저 연락해주는 사
람을 좋아하고 반긴다는 사실도 깨달을 수 있습니다.

7
AUGUST
강 · 점 · 의 · 말

친구들이 약속을 어긴다며 화낼 때

"네 친구들은 왜 다 그 모양이니?" ❌

"약속을 중요시하는 건 좋은 점이야.
어떻게 하면 친구들이 약속을 어기지 않을 수 있을까?" 🎯

친구들을 비난하거나 탓하지 말고 먼저 아이의 강점을 되짚어주세요. 약속을 중요하게 생각하고 잘 지키는 건 훌륭한 강점입 l 다. 또, 친구들에게 이렇게 말할지 함께 고민하는 것만으로도 큰 도움이 될 거예요.

24
MAY
사 · 고 · 의 · 말

놀이터에서
더 놀겠다고 조를 때

"많이 놀았잖아. 이제 그만 놀고 들어가. 빨리." ❌

"하지만 이제 들어갈 시간이야. 몇 분 더 놀고 싶어?
어떤 놀이를 한 번 더 하고 싶니?" ◎

아이는 계속 놀고 싶습니다. 그렇다고 무한정 허락할 수는 없어요. 미리 시간을 정하고 10분 전에 알려주세요. 그래도 더 놀겠다고 말하면 몇 분이 더 필요한지 물어보는 것만으로도 아이는 시간 조절을 할 수 있습니다.

6
AUGUST
사 · 고 · 의 · 말

자신감을 키워주고 싶을 때

"넌 왜 이렇게 자신감이 부족하니? 자신감을 가져!" ❌

"네가 가진 능력이 얼마나 중요한지 모르는구나.
하루에 한 가지씩 찾아줄게." ◎

불행하게도 많은 아이들이 자신을 좋아하지도, 믿지도 못합니다. 아이의 자신
감을 키워주고 싶다면 하루에 한 가지씩 훌륭한 점을 찾아주세요. 서서히 자
신감이 가득 차오를 거예요.

25
MAY
강 · 점 · 의 · 말

친구에게 먼저 말을 못 걸 때

"먼저 같이 놀자고 말해봐." ❌

"넌 미소를 잘 지어. 그건 정말 훌륭한 점이야.
그것만으로도 친구를 잘 사귈 수 있을 거야." ◎

내향적인 아이는 수줍음이 있지만 친절하고 따뜻합니다. 그런 특성만으로도
친구를 잘 사귈 수 있어요. 세상엔 먼저 다가오는 친구들이 많고, 대답만 잘
해주어도 좋은 친구가 생긴다는 사실을 알려주세요.

5

AUGUST

긍 · 정 · 의 · 말

"난 잘하는 게 하나도 없어."라며
속상해할 때

"열심히 해야 잘할 수 있지. 네가 열심히 안 하잖아." ❌

"사람마다 잘하는 게 다르단다. 네가 더 잘할 수 있는 걸 찾아볼까?" ⭕

사람마다 강점이 다르다는 말을 해주세요. 달리기는 못해도 농구를 잘할 수
있어요 노래는 못해도 춤을 더 잘 출 수도 있지요. 우리 아이가 즐기며 잘할
수 있는 걸 찾아주세요. 그래야 진짜 속상한 마음을 치유할 수 있어요.

26
MAY
엄·마·를·위·한·말

아이에 대한 걱정과
불안이 사라지지 않을 때

"아이가 잘못되면 어떡하지? 불안해서 가만히 있을 수가 없어." ❌

"난 원래 걱정이 많지만 실제로 별일이 일어나지도 않았지.
마음에서 걱정을 내보내자." ◎

내 마음속 걱정과 불안을 붉은 연기 덩어리로 상상해보세요. 크게 숨을 들이쉰 다음, 그 연기를 모두 몸 밖으로 내보내는 느낌으로 천천히 내쉬는 거예요. 그러면 우리 아이의 사랑스러운 모습을 있는 그대로 볼 수 있을 거예요.

4

AUGUST

치 · 유 · 의 · 말

달리기 시합에서 졌다고
속상해할 때

"속상해하지 마. 열심히 하면 잘할 수 있어." ❌

"최선을 다했다면 속상해하기보다 자신을 칭찬해줘야 해.
엄마를 따라 해보자. '○○아, 넌 정말 멋있어.'" ◎

운동 능력은 타고나지 않으면 쉽게 이기기 어렵습니다. 이럴 땐 열심히 연습
하면 잘할 수 있다는 말은 적절치 않아요. 최선을 다한 자신을 칭찬하도록 도
와주세요. 모든 걸 잘할 수 없다는 사실을 성숙하게 받아들일 수 있을 거예요.

27

MAY

사 · 랑 · 의 · 말

잠투정이 심하거나
잠을 안 자려고 할 때

"이제 자는 시간이야. 그만 놀고 빨리 자." ❌

"엄마가 마사지 해줄게.
다음엔 엄마 동화 들으면서 꿈나라로 가볼까?" ◎

잠을 안 자려고 할 때는 먼저 마사지를 해주세요. 엄마의 사랑을 온몸으로 느끼며 마음이 편안해진답니다. 다음엔 불을 끄고 엄마가 녹음한 동화를 들려주세요. 루틴이 되면 깊은 잠을 잘 수 있습니다.

3
AUGUST
공·감·의·말

유치원(학교)에서 있었던
일을 말하지 않을 때

"재미있었어? 엄마가 물으면 대답해야지." ❌

"말 안 하고 싶구나. 괜찮아. 그럼 엄마가 한번 맞혀볼까?" ◎

말하기 힘든 마음에 공감해주세요. 그다음, 마음 알아맞히기 놀이를 해보세요. "친구가 서운하게 했니? 선생님이 무섭게 말했어? 급식을 억지로 먹었어?" 엄마의 질문에 고갯짓으로 대답하며 말하기 시작할 거예요.

28
MAY
사·랑·의·말

엄마가 필요하다
말하지 못하고 울먹일 때

"엄마가 필요하면 말을 해야지. 왜 울고 있어." ❌

"엄마의 사랑이 필요할 때 주문을 외쳐봐. 익스펙토 페트로눔!" ◎

해리 포터가 위험에 처했을 때 주문을 외치면 수호신인 사슴이 나타나 구해
줍니다. 엄마도 아이가 주문을 외치면 달려와서 구해준다고 말해주고, 주문을
어떨 때 외치고 싶은지도 물어보세요. 아이 마음속 비밀도 알게 될 거예요.

2
AUGUST
엄·마·를·위·한·말

대화 능력을 키워주고 싶을 때

"왜 이렇게 말을 못하지? 도대체 누구를 닮은 거야?" ❌

"말은 결국 환경에서 배우는 거야.
진솔한 대화를 많이 해야겠어." ◎

미래학자들은 앞으로는 특히 대화 능력을 갖추어야 한다고 강조합니다. 서로를 이해, 배려, 설득하는 게 중요하니까요. 식사 시간, 놀이할 때, 목욕할 때 솔직한 마음을 나누며 이야기해보세요. 대화 능력이 쑥쑥 자랄 거예요.

29
MAY
사·랑·의·말

좋아하는 것에
푹 빠진 아이를 볼 때

※※※※

"왜 맨날 자동차만 갖고 놀아? 다른 것도 좀 갖고 놀아." ❌

"넌 자동차를 정말 좋아하는구나.
자동차 그림도 그리고, 자동차 책도 많이 보고. 너무 사랑스러워." ◎

한 가지에 몰입하는 모습은 참 사랑스럽습니다. 아이의 관심이 잘 성장하도록 자동차 전시장, 수리점, 부품 판매점을 견학하고, 관련 책도 제공해주세요. 아이의 관심을 인정하고 지지해줄 때 깊은 엄마의 사랑도 전해집니다.

1

AUGUST

감 · 사 · 의 · 말

한참을 망설이다
솔직하게 말해줄 때

"왜 이렇게 뜸을 들여. 빨리빨리 말하면 좋잖아." ❌

"솔직하게 말해줘서 고마워.
말하려고 마음먹느라 시간이 필요했구나." 🎯

아이가 자기 감정을 말한다면, 자신이 원하는 것을 말한다면, 시간이 걸려도 솔직하게 말해줘서 고맙다고 표현해주세요. 그래야 망설임을 멈추고 쉽게 말할 수 있어요. 마음을 솔직하게 드러내야 진짜 대화가 시작된답니다.

30
MAY
사 · 랑 · 의 · 말

엄마가 아이를 사랑한다는 걸
알려주고 싶을 때

"엄마가 사랑하는 거 알지?" ✖

"넌 엄마가 널 사랑한다는 사실이 믿어지니? 어떨 때 그렇게 느껴?" ◎

프랑스 작가 빅토르 위고는 '삶의 가장 큰 행복은 우리 자신이 사랑받고 있다는 믿음으로부터 온다.'고 강조합니다. 아이가 행복하길 바란다면 엄마의 사랑을 아이가 어떨 때 믿는지 이야기 나누어보세요.

8

AUGUST

31
MAY
감·사·의·말

아이의 잦은 실수에
답답할 때

"왜 이렇게 우리 아이는 실수를 많이 하지?" ✖

"실수는 참 고마운 일이야. 더 잘 배울 수 있으니까." ◎

아이가 실수하면 엄마는 "너, 또!"라고 외칩니다. '실수하면 안 된다.'는 마음속
기준 때문이죠. 실수는 성장의 자양분이니 참 고마운 일입니다. 생각을 바꾸
면 아이의 실수에 화가 나지 않는 신기한 경험을 할 수 있을 겁니다.

31
JULY
감·사·의·말

아이가 좀 더 잘해주기 바라는
마음이 들 때

"조금만 더 노력하면 잘할 수 있잖아. 열심히 하자." ✖

"네 마음속에 우주 최강 울트라 파워가 있나 봐.
지금까지 잘해왔잖아. 우리 같이 그 파워에 감사할까?" ◎

좀 더 노력하자는 말은 오히려 아이를 힘겹게 해요. 잘할 수 있었던 힘이 아이
마음속에 있다는 사실에 감사해보세요. 아이는 왠지 더 힘이 나고 더 열심히
하고 싶은 의욕이 솟아날 거예요.

6
JUNE

30
JULY
사 · 랑 · 의 · 말

밖에서는 잘 지내는데
엄마한테만 떼를 쓸 때

"왜 떼를 쓰니? 밖에서는 한마디도 못 하면서." ✖

"밖에서 잘하려고 애쓰니 많이 힘들었지.
애썼어. 힘들었던 거 다 이야기해줄래?" ◎

선생님과 친구에게 잘 보이고 싶어 애를 쓰는 아이는 엄마 앞에서 전혀 다른
모습을 보이기도 합니다. 그럴 때 좀 더 큰 사랑으로 안아주세요. 애쓰고 노력
한 모습을 인정해주고 다독이면 금방 예쁜 모습으로 달라질 거예요.

1

JUNE

감 · 사 · 의 · 말

주변 엄마가 인사 잘한다고
우리 아이를 칭찬했을 때

"넌 남에게만 잘하니? 엄마에게도 잘 좀 해." ❌

"네 덕분에 엄마가 칭찬받았네.
예의 바른 행동을 해서 정말 고마워. 자랑스러워." ◎

주변 사람들이 아이를 칭찬할 때가 있어요. 참 고맙습니다. 꼭 아이에게 잘 전해주세요. 제3자의 간접 칭찬은 아이가 더 바람직한 행동을 하는 힘이 됩니다. 나의 작은 행동이 모두에게 미치는 영향을 배우게 되니까요.

29
JULY
사 · 랑 · 의 · 말

더운데 계속 엄마한테 치댈 때

"더운데 왜 이렇게 치대니? 저리 좀 가서 놀아." ❌

"엄마를 사랑해줘서 고마워.
1분 동안 꼭 껴안고, 그다음은 자유 놀이하자." ◎

아직 엄마 냄새가 필요하다는 의미입니다. 이럴 땐 오히려 아이를 1분 동안 꽉
껴안아주세요. 힘 있게 포옹하며 천천히 숫자를 세는 동안 불안하고 심심한
마음이 치유되고 엄마의 진한 사랑을 느낍니다.

2

JUNE

엄·마·를·위·한·말

아이가 눈앞에 없으면
걱정되고 안절부절못할 때

"아이가 잘하고 있을까? 엄마 없다고 울면 어떡하지?" ✖

"아이는 선생님과 안전하게 있으니
나도 편안하게 내 할 일을 해볼까?" ◎

엄마는 아이와 떨어지는 게 불안하지요. 하지만 무슨 일이 있으면 선생님이
연락할 거예요. 불안해하며 아무것도 못 하는 모습과 할 일에 집중한 모습 중
어떤 모습을 아이가 닮길 바라나요? 엄마의 심리적 독립이 필요합니다.

28

JULY

사 · 랑 · 의 · 말

서투른 아이에게
용기를 주고 싶을 때

"조금만 더 열심히 하면 잘할 수 있어." ❌

"심부름, 퍼즐 맞추기, 자전거 타기, 동생 돌보기, 그림 그리기.
세상에! 많은 걸 할 수 있네!" ◎

아이는 3살이면 혼자 걷고, 뛰고, 말도 하고 노래도 불러요. 7살이 되면 글자도, 친구 이름도 알고 도구도 사용하지요. 이미 자신이 할 수 있는 게 많다는 걸 확인시켜주세요. 자기 효능감과 자존감이 높아집니다.

3
JUNE
공 · 감 · 의 · 말

참새방앗간처럼 편의점 앞을
그냥 지나치지 못할 때

"들어가지 마. 과자도 아이스크림도 안 돼. 엄만 그냥 간다." ❌

"편의점 가고 싶구나. 그런데 오늘은 안 가기로 했지?
엄마가 눈을 가려줄까? 스무 걸음 안고 지나갈까?" ◎

'하루나 이틀에 한 번'이라는 규칙을 정해주세요. '견물생심'이라는 말을 알려
주고, 차라리 눈을 가리고 지나가는 방법도 좋다는 걸 가르쳐주세요. '편의점
그냥 지나치기 놀이' 후에는 충분히 칭찬해주세요.

27
JULY
사 · 랑 · 의 · 말

신나는 물놀이를 하고 싶을 때

"물놀이할 때 장난치면 안 돼. 준비 운동도 해야 하고." ❌

"즐거운 물놀이를 할 거야. 먼저 준비물부터 챙겨볼까?
안전수칙도 말해볼까?" ◉

언제 어디서 물놀이를 할지 계획을 알려주세요. 준비물은 아이와 함께 기록하고 체크해보세요. 안전수칙도 미리 알아본다면 잔소리가 줄어듭니다. 함께 계획하는 즐거운 시간이 바로 엄마의 사랑을 전하는 시간이 됩니다.

4

JUNE

치·유·의·말

동생과 과자를
나누기 싫다고 할 때

"공평하게 나누어 먹어야지. 욕심을 부리면 어떡해?" ❌

"넌 언니니까 동생보다 한 개 더 먹는 게 맞아.
우선 한 개 갖다 놓고 나머지는 똑같이 나눠볼까?" ◎

큰아이는 평소엔 공평해야 하고, 때로는 양보를 요구받죠. 하지만 큰아이는
키도 몸도 더 크니 음식을 더 먹는 게 진짜 공평한 거예요. 그 사실을 아이들
에게 잘 설명하면 나누기를 즐기는 아이로 자라게 될 거예요.

26
JULY
엄·마·를·위·한·말

아이에게 좋은 습관을
만들어주고 싶을 때

"학교 다녀와서 바로 숙제시키면 습관이 되겠지?" ❌

"억지로 시키는 건 아무리 반복해도 습관이 되지 않아.
잘하는 것부터 습관으로 만들어주자." ◎

아이와 날마다 잘한 일 세 가지 일기를 써보세요. 좋은 기분으로 반복하면 우리의 뇌는 중요하다고 인식하고 습관이 됩니다. 그래서 계속하고 싶은 마음이 들고, 하지 않으면 불안감을 느끼지요.

5
JUNE
긍 · 정 · 의 · 말

약속을 하고도
지키지 않을 때

"약속은 꼭 지키는 거야. 알았지?" ❌

"약속을 지킬 가능성은 몇 퍼센트일까?
혹시 엄마가 말해서 억지로 약속하는 거야?" ◎

약속을 잘 지키는 아이로 키우고 싶다면 약속의 내용을 아이와 진솔하게 협
의해야 합니다. 약속을 지킬 가능성을 질문하면 아이의 진심을 알 수 있어요.
충분히 지킬 마음이 있는 약속이 진짜 약속입니다.

25
JULY
강 · 점 · 의 · 말

친구보다 그림 못 그린다고
속상해할 때

))))))))

"너도 잘 그렸어. 열심히 연습하면 더 잘하게 될 거야." ✕

"친구는 1년 전부터 그렸대. 너도 포기 안 하고 1년 동안 계속하면
충분히 잘할 수 있어. 계속할 수 있겠니?" ◎

아이는 늘 친구와 비교합니다. 그래서 누가 뭐라 하지 않아도 속상합니다. 그럴 땐 친구가 더 잘할 수밖에 없는 당연한 이유를 말해주세요. 꾸준한 노력이 주는 긍정적 변화의 힘을 경험하도록 도와주세요.

JUNE

사·고·의·말

진지하게 추모하는 마음을
키워주고 싶을 때

"현충일이네. 공휴일에 뭐 할까?" ❌

"국경일과 국가 추념일의 차이가 뭔지 아니?
현충일은 태극기도 조기로 다는 날이야. 조기가 뭔지 알아볼까?" ◎

현충일은 나라를 위해 목숨 바쳐 헌신한 분들의 충성스런 마음을 기념하는
날입니다. 지금의 우리를 위해 많은 분들의 희생과 헌신이 있었다는 사실을
기억하고 진지하게 추모할 줄 아는 사람으로 성장하면 좋겠습니다.

24
JULY
사 · 고 · 의 · 말

숙제 다 하면 게임 더 하게
해달라고 조를 때

"숙제나 다 하고 말해. 대신 숙제 제대로 해야 해." ❌

"숙제와 게임 시간은 아무 상관이 없어.
조건 달지 말고 게임을 더 해야 하는 이유를 말해줄래?" ◎

아이는 자신이 해야 할 일을 조건 삼아 게임을 더 하거나 영상을 더 보려 하지
요. 숙제와 게임을 연결 지어 대화하지 않아야 합니다. 일주일 단위로 게임 시
간을 정해 차감하면서 아이 스스로 운용하는 것도 좋은 방법입니다.

7

JUNE

강 · 점 · 의 · 말

선생님이 자기만 발표시키지
않는다고 불평할 때

"진짜 너만 안 시켰어? 누구를 제일 많이 시켰어?" ✗

"발표를 적극적으로 하고 싶구나. 정말 멋있다.
오늘 몇 번 발표했어? 다른 아이들은?" ◎

발표 열정은 아주 바람직한 강점입니다. 아직 자기중심성이 강하니 논리적인
대화로 객관적 판단력을 키워주세요. 자신의 발표 횟수를 생각해보기만 해도
스스로 판단할 수 있고, 논리적 생각을 할 줄 아는 아이로 자랍니다.

23

JULY

긍 · 정 · 의 · 말

"선생님이 나만 간식 안 줬어."라고 말할 때

"선생님이 진짜 그랬어? 엄마가 전화해볼게." ❌

"그런 일이 있었어? 뭔가 이유가 있을 거야. 무슨 일이 있었는지 알아보고 얘기해줄게." ✓

먼저 아이 말에 당황하지 말고 선생님에 대한 긍정적 시각을 보여주세요. 그러고 나서 팩트 체크가 필요합니다. 정확히 사실 확인을 한 후에 아이가 잘 이해할 수 있도록 다시 상황을 설명해주면 오해가 풀립니다.

8
JUNE
엄·마·를·위·한·말

늘 나비잠 자던 아이가
혼을 냈더니 토끼잠을 잘 때

"왜 이렇게 깊이 못 자고 자꾸 깨는 거야?" ❌

"낮에 혼냈더니 깊이 잠들지 못하는구나. 무섭게 혼내지 말아야지." ◎

두 팔을 머리 위로 벌리고 나비잠 자는 모습은 너무 사랑스럽습니다. 그런데 혼냈더니 깊이 잠들지 못하고 자꾸 깹니다. 엄마 마음도 아프죠. 무섭게 혼내지 말고, 따뜻하게 마음을 다독이고 원칙은 단단하게 가르쳐주세요.

22
JULY
치 · 유 · 의 · 말

공부 안 해서 시험을 망친
아이가 게임하고 있을 때

"성적이 그런데도 게임을 하니? 생각이 있니 없니?" ❌

"너도 마음이 괴롭구나. 스트레스를 풀고 싶은 거야?
그럼 1시간 하고 나서 엄마랑 의논하자." ◎

화가 나겠지만, 잠시 멈추고 그 마음을 헤아려주세요. 아이가 가장 괴롭고 막막해요. 스트레스를 먼저 풀고, 현재 아이의 수준에서 무리하지 않게 조금씩 할 수 있는 것을 찾아간다면 희망과 의욕을 다시 살릴 수 있을 거예요.

9
JUNE
공 · 감 · 의 · 말

지시어를 따르지 않을 때

"엄마가 뭐라고 했니? 들었어? 못 들었어? 왜 말을 안 들어?" ✖

"엄마가 한 말 못 들었구나.
한 번만 더 말할 테니 잘 듣고 따라 해봐. 자, 이제 시작!" ◎

잔소리는 아이에게 들리지 않아요. 잘 듣는 능력을 키우려면 평소 지시 수행 놀이를 해주세요. 코끼리 코 3바퀴 돌고 의자에 앉기, 공을 10번 위로 던지고 받기, 휴지 2칸 떼어오기. 이런 놀이로 지시 수행 능력이 향상됩니다.

21

JULY

공 · 감 · 의 · 말

엄마의 리액션이 부족하다고
불평할 때

))))))))

"그래, 잘했다고. 너 혼자만 100점도 아닌데 뭘." ❌

"우와! 많이 애썼네. 완전 최고야. 대박!" ◎

공감이 어려우면 예능인들처럼 리액션을 해보세요. '우와! 정말? 진짜? 와! 대박!' 환한 표정만으로도 아이는 충분히 만족합니다. 언어적 공감이 어렵다면 추임새와 비언어적 표정, 몸짓으로 공감을 전달할 수 있습니다.

10

JUNE

치 · 유 · 의 · 말

방문을 닫기 시작할 때

"왜 문을 닫아? 방문 열어놔." ❌

"혼자 조용히 할 일이 있나 보네. 시간이 얼마나 필요해?
미리 말해주면 방해하지 않고 기다릴게." ⭕

방문을 닫기 시작하는 건 자연스러운 성장 현상입니다. 혼자만의 시간은 누구
에게나 필요하죠. 화가 나서 쾅 닫을 때도 있지만, 어떤 경우든 존중해주세요.
마음을 진정시킨 아이는 다시 문을 열고 엄마에게로 오게 될 겁니다.

20

JULY

엄·마·를·위·한·말

부정적 생각이 먼저 떠오를 때

《《《《《

"우리 아이는 산만하고 짜증을 잘 내. 친한 친구도 없어'" ❌

"우리 아이는 산만하지만 호기심이 많아.
공부를 잘하는 과목도 있어. 누구와도 잘 어울려." ◎

우리 아이는 문제일 때도 있지만, 잘할 때가 더 많아요. 원래 부정적 느낌은
긍정적 김징을 입도하죠. 휘둘리지 말고 이이의 긍정적 모습에 집중하고 표현
해주세요. 그래야 긍정의 씨앗이 잘 자랄 수 있습니다.

11
JUNE
긍·정·의·말

스마트폰을 사용하기 시작할 때

"넌 왜 맨날 스마트폰만 하고 있니?" ❌

"넌 스마트폰 활용을 잘하는구나.
정보 찾기도 잘하고. 근데 사용 시간 조절이 필요하지 않을까?" ◎

나쁜 습관이 자리 잡기 전에 스마트폰 사용 규칙을 정해주세요. 시간대를 정하거나, 총 사용 시간을 아이와 의논하여 정하는 것이 좋습니다. 잠잘 때는 꼭 엄마에게 맡겨야 한다는 것도 잊지 마세요.

19
JULY

강 · 점 · 의 · 말

아이가 100점을 받았을 때

"훌륭해. 잘했어. 앞으로도 이렇게 열심히 노력하자." ❌

"정말 많이 노력했구나. 엄마도 기쁘다.
어떻게 했길래 좋은 점수가 나온 거야?" 🎯

100점을 받았을 때, 결과와 지능을 칭찬하면 오히려 불안해집니다. 아이의 노력과 그 과정을 칭찬하고 함께 기뻐해주세요. 그래야 노력하는 자신을 뿌듯하게 생각하고 더 큰 학습 동기가 생깁니다.

12

JUNE
사 · 고 · 의 · 말

공부나 숙제에 집중하지 못할 때

"왜 이렇게 집중을 못 하니? 한번 시작했으면 끝까지 해야지." ❌

"넌 10분씩 집중을 잘하는구나. 지금부턴 시간을 재볼 테니
그동안 얼마만큼 할 수 있는지 알아볼까?" ◎

한번 책상에 앉으면 몇 분 이상 집중해야 한다는 기준이 있나요? 아이는 기질
에 따라 집중 시간이 다를 수 있어요. 현재 집중 가능한 시간을 파악하고 지지
해주세요. 그래야 스스로 집중하는 시간을 늘리기 위해 노력할 수 있습니다.

18
JULY
사·고·의·말

동생이 형 물건을 마음대로 만질 때

"너, 형한테 혼나잖아. 마음대로 꺼내지 말고 말 좀 들어." ❌

"형이랑 약속했지? 먼저 허락받기로.
넌 약속을 지킬 힘이 있고, 형이 올 때까지 잘 참을 수 있어." ◎

서로의 약속은 꼭 지켜야 한다는 것과 아이 마음속에는 약속을 지킬 힘이 있다는 사실을 말해주세요. 그래야 서로 존중하고 협력하는 형제자매로 성장합니다. 참, 큰아이에게 일방적인 배려를 요구하는 건 적절하지 않습니다.

13

JUNE

강 · 점 · 의 · 말

다른 친구들은 싫어하고
한 명하고만 놀려고 할 때

"친구를 한 명만 사귀면 어떡해. 다른 친구랑도 좀 놀아봐."

"한 번에 한 명과 놀고 싶구나. 그럼 취미별 친구를 사귀면 어떨까?
슬라임 친구, 보드게임 친구. 어때?" ◎

여러 명이 있을 때 오히려 말이 없는 아이라면 한 명의 친구가 적당해요. 다만
한 명과 모든 걸 함께 할 수는 없으니 '~할 땐 누구.'라는 개념을 발전시켜주세
요. 한 명씩 시작해서 점점 다양한 친구를 사귈 수 있습니다.

17

JULY

긍 · 정 · 의 · 말

아이에게 준법정신을
가르치고 싶을 때

"법을 어기면 범죄자가 돼. 그러니 무조건 지켜야 해." ❌

"넌 어떤 사람이 되고 싶니?
법을 지키는 사람? 법을 어기는 사람?" ◎

제헌절을 맞아 법에 대해 알려주세요. 법은 사회 질서를 유지하기 위해 정해놓은 태도와 행동의 기준이죠. 중요한 것은 '아이가 스스로 어떤 사람이 되고 싶은가.'입니다. '법을 잘 지키는 사람'이라는 긍정적 정체성을 키워주세요.

14
JUNE
엄·마·를·위·한·말

새로운 것을 좋아하는
아이로 자랐으면 싶을 때

"우리 아이는 새로운 도전은 전혀 안 하네. 저러다 뒤처질 텐데…" ❌

"우리 아이는 익숙한 걸 좋아하네.
그럼 새로운 것 한 가지에 익숙해지도록 도와줘야지." ◎

아이와 함께 하루 한 가지 새로운 경험 프로젝트를 계획해보세요. 놀이터 지도 그리기, 친구에게 문자 보내기 등 간단한 활동이면 됩니다. 완성 후 축하 시간을 가지면 점점 새로운 도전을 즐기게 됩니다.

16

JULY

치 · 유 · 의 · 말

큰아이가 동생이 없었으면
좋겠다고 말할 때

"그런 말을 하면 어떡해? 네 동생인데 그럼 갖다 버릴까?" ❌

"동생 때문에 속상한 거 다 말해줄래?
네 마음을 몰라줘서 정말 미안해. 엄마가 사랑하는 거 알지?" ◎

아이의 말이 심할수록 마음이 힘들다는 의미입니다. 말의 속뜻을 알아주어야
힘들고 외로운 마음이 치유될 수 있어요. 힘든 아이에게는 엄마, 아빠가 도와
준다고, 외롭고 슬픈 마음이 들지 않게 더 많이 사랑해준다고 말해주세요.

15

JUNE

공 · 감 · 의 · 말

배 아파서 학교에 안 간다는 아이가
진짜 아픈지 의심될 때

"갑자기 배가 왜 아파? 너 학교 가기 싫어서 그러는 거지?" ❌

"엄마랑 병원 가자. 혹시 걱정되는 거 있니?
그럴 때도 배가 아플 수 있어. 뭐가 힘든지 말해줄래?" ◎

아침에 갑자기 배나 머리가 아픈 경우는 마음의 불편함이 몸으로 나타난 신
체화 증상이기도 하죠. 아이의 마음이 많이 힘든 것일 수 있어요. 당연히 병원
에 다녀와야겠지만, 별 탈이 없는 경우라면 힘든 마음을 보살펴주세요.

15
JULY
공 · 감 · 의 · 말

큰아이가 동생 문제를
자주 고자질할 때

"제발 그만 좀 일러. 왜 자꾸 고자질하니?" ❌

"동생이 실수를 많이 해서 속상하지?
어떻게 하면 동생이 너처럼 실수를 안 하고 잘할 수 있을까?" ◎

끝없는 고자질에 지친다면 아이 마음을 알아주세요. 결국엔 엄마의 관심과 인정을 받고 싶은 마음이 가장 크니까요. 바로 그 마음을 읽어주고 동생을 도와주는 방법을 함께 고민한다면 우리 아이는 좀 더 성숙해질 거예요.

16

JUNE

치 · 유 · 의 · 말

엄만 왜 약속 안 지키냐며 따질 때

"엄마가 언제 약속을 안 지켰어? 나중에 해준다고." ✕

"엄마가 약속을 못 지켜서 미안해. 이유를 설명해도 될까?
엄마 입장을 이해해주면 좋겠어." ◎

엄마의 일상은 약속을 지키기 어려울 때가 많습니다. 솔직하게 인정하고 사과
하는 것이 우선이지요. 그다음에 이유를 설명하고 다시 약속을 정하면 됩니
다. 지키지 못할 약속은 처음부터 하면 안 된다는 사실도 기억해주세요.

14

JULY

엄·마·를·위·한·말

엄마인 나만 참는 것 같아
억울한 마음이 들 때

"왜 나만 참아야 하는데!" ✖

"엄마 역할은 참아야 할 게 참 많아.
언제 한번 날 잡아서 못 한 걸 해볼까?" ◎

엄마는 참 많은 걸 참고 살아요. 먹고 싶은 것, 가고 싶은 곳 모두 아이 중심이지요. 이제 하고 싶은 일을 해야 할 때입니다. 버킷리스트를 만들고 달력에 날짜를 정해보세요. 조금씩 즐거움을 맛볼 수 있을 거예요.

17

JUNE

긍 · 정 · 의 · 말

숙제하기 싫다고 짜증 낼 때

"숙제를 안 하면 어떡해? 다른 아이들도 다 하잖아." ❌

"숙제하기가 힘들어도 끝까지 하려고 애쓰네.
쉽게 하는 방법을 알려줄까?" ⭕

숙제가 짜증 나는 이유는 잘하고 싶은데 잘 안 되기 때문이지요. 아이 마음의 긍정적 의도를 찾아 말해주세요. 쉬운 문제부터 풀거나 10분 풀고 5분 쉬기와 같은 새로운 방법을 가르쳐준다면 아이도 거뜬히 잘할 수 있습니다.

13

JULY

강 · 점 · 의 · 말

잠자리에서 책을
계속 읽어달라고 요구할 때

"이제 그만 자야지. 이것만 읽고 끝이야." ❌

"책을 정말 좋아하는구나. 이제 녹음한 거 두 권 들려줄게.
불 끄고 상상하며 들으면 더 재미있어." ◎

책 읽어달라는 요구가 반갑기도 하지만 엄마는 힘이 들지요. 책을 읽어줄 때
마다 녹음을 해두세요. 서로의 대화 소리가 들어가면 더 좋습니다. 미리 정한
양만큼 읽어준 다음, 불 끄고 들려주세요. 행복한 꿈나라로 빠져들 거예요.

18

JUNE

사 · 고 · 의 · 말

친구 물건을 가져와서
자기는 몰랐다며 거짓말할 때

"이거 뭐야? 훔쳤어? 솔직히 말해. 사실대로 말하면 안 혼낼게." ❌

"정말 갖고 싶었구나. 엄마가 안 된다고 할까 봐 말 못 했어?
다음엔 뭐든 엄마한테 솔직히 말해줘." ◎

도둑질을 했다고 대뜸 혼내지 말고 차분히 아이에게 설명해주세요. 다음엔 뭐
든 엄마와 의논하자는 말이 아이에겐 위로가 되고, 금지 행동에 대한 인식을
키울 수 있습니다. 물론 사과 편지와 함께 돌려주는 것도 잊지 말아야죠.

12

JULY

사 · 고 · 의 · 말

왠지 힘이 없고
기운이 빠져 있을 때

"왜 이렇게 기운이 빠져 있니? 힘내." ❌

"네가 좋아하는 게 얼마나 많은지 찾아볼까?
그냥 이름만 떠올려보면 되는 거야." ⭕

좋아하는 것을 생각하면 긍정적 감정이 쌓이고, 행복 호르몬인 도파민이 생성
되어 힘들어도 극복하려는 의욕이 생깁니다. 좋아하는 음식, 장소, 음악, 놀이
등 주제별로 찾을 수 있습니다. 각각 어떤 점이 좋은지 대화를 이어보세요.

19
JUNE
강 · 점 · 의 · 말

활발하지만 꼼꼼히 챙기는 건
잘 못할 때

"왜 이렇게 산만하니? 좀 조용히 앉아서 할 일 좀 해." ❌

"넌 활발하기도 하고, 챙기는 것도 잘할 때가 많아.
두 가지 다 잘하는 아이는 별로 없는데 훌륭해!" ◎

활발한 기질은 훌륭한 강점이지만, 에너지를 발산한 후 차분히 앉아 숙제와
준비물을 챙기는 연습을 해주세요. 사소한 것을 잘해냈을 때의 칭찬이 아이에
게는 큰 동기가 됩니다. 여러 번 반복하면 혼자서도 잘할 수 있어요.

11

JULY

긍 · 정 · 의 · 말

숙제를 계속 미루며 놀고 있을 때

"그만 놀고 숙제해. 장난감 다 갖다 버린다." ❌

"지금 놀이를 멈춰야 해. 엄마가 숫자 10까지 천천히 셀게.
같이 준비 시작하자. 하나, 둘, 셋…" ◎

놀이에 빠져 숙제를 미룰 때 소리치는 건 소용없습니다. '협박하는 수 세기'가 아니라 '몸의 움직임을 도와주는 숫자 10 세기'를 활용해보세요. 신기하게 숫자와 장단을 맞추며 몸을 움직여 준비하기 시작합니다.

20
JUNE
엄·마·를·위·한·말

비 오는 날, 우산을 갖다 주지 못해
마음이 아플 때

"우리 아이만 비 맞고 오겠네. 계속 일하는 게 맞을까?" ❌

"이 정도는 아이도 잘 헤쳐 나갈 수 있어.
다음엔 미리 일기 예보를 잘 챙겨야지." ◎

아이는 그다지 속상하지 않을 수 있어요. 쫄딱 비에 젖어보는 특별한 재미도 있고, 자신이 영웅이 된 것처럼 느끼는 아이도 있으니까요. 비 맞는 기분을 아이에게 물어보세요. 잘 자라고 있다는 사실을 알게 될 거예요.

10

JULY

치 · 유 · 의 · 말

TV 끄고 밥 먹으라는 말에
짜증 낼 때

"빨리 끄고 와. 안 오면 밥 못 먹는다." ❌

"잠깐, 지금은 TV 끄는 시간이야. 식탁으로 가자." ◉

미디어에 정신이 팔려 있는 아이의 뒤통수에 대고 지시하는 건 소용없습니다. 아이는 짜증만 냅니다. 이럴 땐 부드럽게 눈을 맞추고, 작은 목소리로 명료하게 말해주세요. 엄마의 말을 생각할 수 있어야 행동 조절이 가능해집니다.

21
JUNE
공 · 감 · 의 · 말

단짝이 다른 아이랑
논다고 속상해할 때

"그럼 너도 다른 애랑 놀면 되잖니." ❌

"다시는 같이 못 놀까 걱정되는구나. 그런데 내일이면 또 같이 놀 거야.
원래 같이 놀다, 따로 놀다 하니까." ◎

아이는 친한 친구는 나하고만 놀아야 한다고 생각하기도 합니다. 서운한 마음
에 충분히 공감해주고 친구가 다른 친구와 놀 수 있다는 사실도 가르쳐주세
요. '따로 또 같이'인 관계가 더 편안하고 좋은 관계라는 사실도 알려주세요.

9

JULY

공 · 감 · 의 · 말

책을 왜 봐야 하냐고 물을 때

"책을 많이 봐야 나중에 훌륭한 사람이 될 수 있어." ❌

"책은 재미있으니까. 책을 통해 흥미로운 경험을 할 수 있지.
넌 어떤 책이 재미있어?" ◎

책은 절대 강요하면 안 됩니다. 아이에게서 평생 책 읽는 즐거움을 빼앗아가게 될 뿐이지요. 아이가 흥미를 느끼는 주제의 책을 자유롭게 읽도록 도와주세요. 그래야 책은 재미있다는 인식이 생기고 평생 독자로 살아갈 수 있습니다.

22
JUNE

치 · 유 · 의 · 말

아이와 엄마, 서로의 상처를
치유하고 싶을 때

"엄마가 이제 안 혼낼 테니까 겁내지 마. 알았지?" ✖

"엄마가 너에게 미안할 때 이 동그라미 안에 서 있을 거야.
그럼 네가 와서 안아줄 수 있어?" ◎

색 테이프로 바닥에 치유의 동그라미를 그려보세요. 미안할 때 쉽게 사과하고
치유하는 심리 장치입니다. 어쩔 수 없이 쌓이는 심리적 상처를 동그라미 안
에서 진한 포옹으로 씻어내보세요.

8
JULY
엄·마·를·위·한·말

여름 방학 때
무엇을 하면 좋을지 걱정될 때

"방학 때 뭘 더 시키지? 학원을 끊어줘야 하나?" ✖

"한 학기 동안 정말 수고 많았어.
어떻게 하면 방학 동안 에너지를 채울 수 있을까?" ◎

한 학기 동안 우리 아이는 힘들었어요. 아무 곳에도 가지 않고, 아무것도 하지 않는 비위기 되고 싶은 아이들이 많아요. 방학 동안 소진된 에너지를 충전하는 게 가장 의미 있는 일임을 기억해주세요.

23
JUNE
긍·정·의·말

동생과 자꾸 싸울 때

"왜 자꾸 싸워. 네가 형이니까 양보해야지." ❌

"오늘 동생과 재미있었던 건 뭐야? 네가 잘한 점은?
다음에 다르게 하고 싶은 점은?" ◎

큰아이를 먼저 나무라면 아이는 억울함과 원망감이 쌓이지요. 아이를 혼내기
전에 동생과 놀며 재미있었던 일, 잘한 점을 말하게 해주세요. 그다음에 달라
져야 할 점을 질문하면 스스로 행동을 바꾸려 노력합니다.

양보 잘하고 잘 참는 아이,
그대로 두어도 될지 고민될 때

"양보도 잘하고 너무 착하네." ✖

"너 자신을 먼저 챙기고 나서 친구를 도와주는 게 좋아." ◎

배려심이란 참 좋은 강점입니다. 하지만 사회적 민감도가 너무 높아 자신을
챙기지 못하는 건 바람직하지 않습니다. 자신도 챙기며 남을 도와야 한다고
알려주세요. 그래야 자신과 타인 모두를 돕는 아이로 자라납니다.

24
JUNE
사 · 고 · 의 · 말

친구가 자기 장난감을
가져갔다며 속상해할 때

"걘 왜 맨날 너만 괴롭히니? 왜 싫다고 말을 못 해? 내일 받아와!" ❌

"우리 역할놀이 해볼까? '이건 내 거야.
오늘은 빌려주기 싫어.' 한번 따라 해볼래?" ⭕

역할놀이는 설명보다 강력한 힘을 발휘합니다. 서로 역할을 바꿔가면서 다양한 상황을 경험하게 해주고, 상황에 맞는 말을 큰 소리로 외치게 도와주세요. 그래야 당당하게 자기주장을 할 수 있는 아이로 자라납니다.

6
JULY
사 · 고 · 의 · 말

공포만화를 계속 보겠다고 떼쓸 때

"무서운 거 보면 안 좋은데 왜 자꾸 보니?" ✖

"그건 12세 이상이야. 지금은 안 돼.
혹시 다른 데서 보게 되면 엄마에게 꼭 얘기해줘. 약속해." ◎

아이가 공포물을 좋아하는 건 무서울수록 희열감을 느끼기 때문입니다. 혹시
아이가 공포만화를 본다면 "귀신은 존재할까? 캐릭터는 어떤 역할이야?" 등
의 대화로 현실과 허구를 구분할 수 있게 도와주세요.

25

JUNE

강 · 점 · 의 · 말

친구들이 약속 시간을
지키지 않는다고 짜증 낼 때

"애들이 왜 맨날 널 기다리게 한다니? 너도 그냥 늦게 가." ❌

"넌 시간을 잘 지켜서 엄마는 자랑스러워.
친구들이 시간의 중요성을 모를 수도 있어. 어떻게 말하면 좋을까?"

우선 약속을 잘 지키는 아이의 강점을 지지해주세요. 속상한 마음을 말한다고
친구를 비난해달라는 의미는 아닙니다. 속상한 마음을 위로받고 싶다는 의미
이지요. 친구가 약속을 잘 지키게 하는 방법을 함께 고민해보세요.

덥다고 짜증 낼 때

"너만 더운 거 아니잖아. 짜증을 내면 어떡해?" ❌

"많이 덥지? 원래 더우면 짜증이 잘 난대. 엄마도 짜증을 참고 있어.
더위를 식힐 방법이 뭐가 있을까?" ◎

더위가 심하면 아이도 엄마도 감정 조절이 어렵습니다. 함께 더위를 식힐 방법을 찾아보세요. 세수하기, 종이부채 만들기, 얼음물 마시기 등을 이야기하다 보면 힘겨운 상황에서도 해결책을 찾는 아이로 자랄 거예요.

26
JUNE
엄·마·를·위·한·말

엄마 노릇이 해도 해도
끝이 없다 여겨질 때

"맨날 같은 생활에 정말 미칠 것 같아. 언제까지 이렇게 살아야 해?" ✕

"엄마가 된 지 벌써 ( )년이나 됐네.
그동안 내 역할이 참 많이 달라진 것 같아. 정말 많이 컸어." ◎

엄마 역할이 지긋지긋해질 때도 있어요. 그런 마음이 들 때 아이가 자라온 과정을 생각해보세요. 기어 다니기, 걷기, 기저귀 떼기, 어린이집, 유치원, 초등학교 입학. 정말 기적 같은 시간이었지요. 앞으로의 변화를 기대해보세요.

4

JULY

치 · 유 · 의 · 말

시무룩한 표정으로
집으로 들어올 때

"왜 그래? 무슨 일이야? 빨리 말해." ✖

"힘들었구나. 잊지 말아야 할 게 있어.
어떤 경우든 네가 할 수 있는 게 있어. 함께 방법을 찾아볼까?" ◎

기가 죽어 있거나 상처받았을 때 일단 공감이 중요합니다. 그다음은 할 수 있는 게 많다는 사실을 알려주세요. 잘할 수 있다는 절대적 신뢰감을 표현해주면 격려가 되어 어떤 상황에서도 씩씩하게 해결할 힘이 생깁니다.

27
.JUNE
사 · 랑 · 의 · 말

아이가 왠지 시무룩할 때

"왜 그래? 무슨 일 있어?" ❌

"우리 엄마 놀이할까? 네가 엄마 하고, 엄마가 너 하고. 어때?" ◎

아이도 아주 작은 일에 쉽게 우울하고 시무룩해지기도 합니다. 이럴 때 엄마 놀이를 해보세요. '엄마, 속상해요? 내가 위로해줄게요. 엄마 맛있는 거 먹어요.' 어느새 아이 얼굴에 미소가 떠오를 거예요.

3

JULY

공 · 감 · 의 · 말

"나중에 해줄게."라는 말에
짜증을 낼 때

"나중에 해준다고 했잖아. 엄마 바쁜 거 안 보여?" ❌

"참기가 어려운가 보다. 혹시 엄마가 나중에 안 해줄까 봐 걱정돼?
저녁 8시에 꼭 해줄게. 약속해." ◎

엄마는 자신도 모르는 사이 자주 '나중에'라 말합니다. 그 약속은 지켜지지 않을 때가 많아 아이는 화가 나지요. 엄마가 잊지 않기 위해 알람도 설정하고, 약속을 꼭 지키는 경험을 주세요. 그래야 신뢰가 회복될 수 있습니다.

28

JUNE

사 · 랑 · 의 · 말

아이와 함께 뛰며
행복한 시간을 보내고 싶을 때

"운동 좀 하자. 같이 달려준다니까. 왜 이렇게 움직이는 걸 싫어하니?" ✖

"우리 달리기 시합해볼까? 저기 키 큰 소나무까지.
아직 엄마한테 못 이길걸?" ◎

아이는 바람을 가르며 신나게 달려서 너무 즐겁고, 엄마보다 빨리 달릴 수 있을 것 같아 마음이 들뜹니다. 엄마와 함께 달리니 온몸으로 사랑을 느낄 수 있죠. 참, 아슬아슬하게 져주는 센스가 필요합니다.

2
JULY

엄·마·를·위·한·말

좋은 일이 하나도 없다고 생각될 때

"왜 이렇게 날마다 힘들기만 하지? 남들은 좋은 일도 많던데." ✖

"나쁜 일이 생기지 않은 것도 좋은 일이야.
어떤 상황도 긍정적으로 해석하는 게 좋아." ◎

'나는 오늘 행복한 사람이 될 것을 선택하겠다.'라고 기록한 안네 프랑크처럼 같은 상황을 좋게 생각해볼까요? 오늘 하루, 먹고, 쉬고, 놀고, 일할 수 있는 상황은 지루한 일이 아니라 좋은 일이라는 사실을 깨달을 수 있을 거예요.

29
JUNE
사 · 랑 · 의 · 말

엄마가 외출한 동안
아빠와 잘 지내기 바랄 때

"엄마 없는 동안 아빠랑 잘 놀아야 해. 알았지?" ❌

"아빠랑 둘이서 뭘 해보고 싶어?
아빠와 너만의 특별한 추억을 만들어봐." ⭕

아이를 아빠에게 맡기고 나갈 때 걱정된다면, 아빠와의 특별한 추억 만들기
시간이라 말해주세요. 엄마와 분리가 어려운 아이라면 꼭 필요한 경험입니다.
단, 아이가 좋아하는 활동 중에서 아빠가 할 수 있는 걸 준비해야 합니다.

JULY

감 · 사 · 의 · 말

새로 꺼낸 여름옷이 작아졌을 때

"어휴, 작년에 산 옷을 못 입겠네. 또 사야 해?" ❌

"한 해 동안 무럭무럭 쑥쑥 잘 자랐구나. 정말 고마워." ⊙

여름옷과 신발을 꺼내보니 작아졌어요. 언제 이렇게 자랐을까요? 참 감사하고 기분 좋은 일입니다. 작아진 옷과의 이별식을 열어보세요. 함께 감사하고 기뻐하는 시간을 만들어요.

30
JUNE
감 · 사 · 의 · 말

감사하는 마음을
키워주고 싶을 때

"매사에 늘 감사하는 마음을 가져야 해." ❌

"우리 집 물건 중 하나를 골라 감사 편지를 써보자.
엄만 걸레에게 편지를 써볼게. 넌 누구에게 쓸래?" ◎

사물에게 감사 편지를 써보세요. 냉장고, 세탁기, 전구, 식탁, 걸레, 변기에게도 좋아요. '우리 집 먼지를 닦아줘서 고마워. 덕분에 깨끗한 거실에서 뒹굴며 놀 수 있어.' 많은 것들에 더 깊이 감사하는 마음을 키워줄 거예요.

7

JULY

"하루 한 마디로
아이에게 사랑을 전해주세요."

값 18,800원
979-11-6827-084-8 13590